壹加壹城市风景园林设计工作室快题设计系列教材

建筑快题设计
——设计方法与案例分析

●王娴 著

国家一级出版社
全国百佳图书出版单位
西南师范大学出版社
XINAN SHIFAN DAXUE CHUBANSHE

图书在版编目（CIP）数据

建筑快题设计 ：设计方法与案例分析 / 王娴著. —
重庆 ：西南师范大学出版社，2014.11（2020.9重印）
壹加壹城市风景园林设计工作室快题设计系列教材
ISBN 978-7-5621-7100-3

Ⅰ. ①建… Ⅱ. ①王… Ⅲ. ①建筑设计－教材 Ⅳ.
①TU2

中国版本图书馆CIP数据核字(2014)第260292号

壹加壹城市风景园林设计工作室快题设计系列教材
主　　编：韦爽真

建筑快题设计——设计方法与案例分析　王娴 著
JIANZHU KUAITI SHEJI ——SHEJI FANGFA YU ANLI FENXI

责任编辑：吴欢　殷鹏辉
整体设计：鲁妍妍

西南师范大学出版社（出版发行）
地　　址：重庆市北碚区天生路2号　　邮政编码：400715
本社网址：http ://www.xscbs.com.cn　　电　　话：(023)68860895
网上书店：http ://xnsfdxcbs.tmall.com　　传　　真：(023)68208984

经　　销：新华书店
制　　版：刘锐
印　　刷：重庆康豪彩印有限公司
开　　本：787mm×1092mm 1/16
印　　张：6.5
字　　数：90千字
版　　次：2015年1月 第1版
印　　次：2020年9月 第2次印刷
ISBN 978-7-5621-7100-3
定　　价：46.00元

本书如有印装质量问题，请与我社读者服务部联系更换。读者服务部电话：(023)68252507
市场营销部电话: (023)68868624 68253705

西南师范大学出版美术分社欢迎赐稿，出版教材及学术著作等。
美术分社电话: (023)68254657　68254107

序 / PREFACE

设计本没有“快题”一说，任何设计都需要经过现场踏勘、调研、理解、沟通、概念、深化、完整等过程，设计师的灵感与决策必须建立在理性的发现问题、分析问题的基础上。这个过程如果没有一定的时间为基础是不可能完成的，或者说是无法优质完成的。作为一个设计教育工作者，我常常陷入两难之中。内心也深知，短暂又急功近利的做法既伤害设计本身的规律，同时也伤害设计师严谨稳健的工作素质。

但是，为何现今又有大量的“快题设计”的需求呢?

那么，我们不得不从设计教育的层面来剖析这个问题。在校的设计学习，大部分时候是一种模拟设计流程的学习。同学们一定会经历一个从陌生到熟悉、从“必然王国”飞向“自由王国”的过程。在读期间，掌握设计思路的切入方式、空间造型手法、效果的表达手段这三个方面都是必须经历的一个过程。从建筑、环艺类专业的特征看，尺度的熟悉、规范的熟悉、形式美感的建立，确实不是一蹴而就的。因此，我们在教学过程中，有必要穿插一种叫作“快题设计”的教学形式，训练学生在规定的时间内，拿出解决方案，达到海量储存设计形态以及强化设计思维的能力的目的。实践证明，这是一种很有效的训练方式，使同学们在有效的时间内寻找设计的切入点，同时加强视觉记忆与空间思考。从而由“作茧自缚”升华到“破茧而出”的过程。这对于培养学生的动手能力也是一个催化作用。

可以说，“快题设计”从很大程度上反映了一个学生现阶段的应变能力和综合素质能力。所以，它是一个传统的教学方法，也是未来需要的一种教学方法。在各种升学考试和就业面试中，它是最为直观、有效的辨别人才素质的方式。它也往往是一个重要的业务考察方式，特别是研究生入学考试，初试和复试环节都会通过此方式来考查学生的专业素质。

这也就不难理解为什么“快题设计”让众多学生既爱又恨了。

关于“快题设计”的教学方法需要长期的总结，需要积累大量的实践和经验来积极有效开展。随着学科的不断丰富和发展，用人单位或者招考学校对于人才的复合型要求，都让快题设计这一类型的设计方式更加灵活和多元化——往往以建筑设计为核心，以规划、风景园林为外延进行综合考察。

壹加壹城市风景园林设计工作室长期从事设计教育研究与实践，从理工类院校、美术类院校两种不同面向的学科背景中，充分汲取养料，总结出一套行之有效的培养专业人才的方式方法。从设计的规律与原理出发，不断总结历年建筑规划设计的手段方法，同时提炼当下建筑环境设计的精髓和变异，紧跟时代发展的步伐，我们非常期待在设计教育上能贡献自己的绵薄之力。

着重应用是本丛书的最大特点。讲述的内容偏重实际考试中的问题，包括时间的安排、平时的准备、常犯的错误等。以精干的方式把规划快题设计考试作为重要的提高设计技能的方法和手段。丛书结合了不同院校的教学优势，实操的案例涵盖近几年来理工类院校、美术类院校等考研试卷，以及各设计院和设计事务所的面试考题，生动地反映了目前这一领域的真实状况，让考生拥有第一手的参考资料。

“壹加壹城市风景园林设计工作室快题设计系列教材”的编写经历了5年之久，书中涵盖了教学方法和作品集锦，既有理论的梳理，又有设计案例的直观展现，资料翔实系统，具有较高的参考价值。特别是结合美术类院校在手绘表现上的专长，让丛书的阅读性和借鉴性都较高。由于编者学识有限，这套丛书也有更加完善的必要。愿我们能共同进步！

四川美术学院
壹加壹城市风景园林设计工作室　韦爽真

前言 / FOREWORD

“快题设计怎样才能很好地完成？”这个问题是准备考研或准备进入工作面试的学生常常会思考和寻求解答的。不管是研究生考试，还是设计公司招聘，都是想要在短时间内考察学生的设计能力，所以才产生了“快题设计”这样一种特殊的考试方式。而设计能力和表现方式也因此成了快题设计中的重点和努力方向。

快速徒手表现是建筑快题设计的表现形式，徒手表现的特点是能快速地表达设计师的构思和创意。掌握好手绘技法，不仅能充分表现自己的设计，也能使图面效果脱颖而出，取得一定的优势。

建筑快题设计是以设计为基础的，在平时的学习中要注意专业知识的积累和掌握。光有好的手绘表现技法，而没有实际的内容，最后只能看到一个虚有其表的画面。漂亮的手绘表现加上丰富的内涵，才是成功的关键。

希望本书中对建筑专业知识和手绘技法的概括讲解，能给想要取得成功的莘莘学子带来帮助！

目录 CONTENTS

第一章 概论

第一节 建筑快题设计定义

建筑快题设计是建筑设计中的一个特殊的设计形式，是指在一定的条件下，快速地完成从设计构思到成果表现的整个过程，要求设计者能够快速审题、快速构思、快速设计并快速表达。

第二节 建筑快题设计的特点

建筑快题设计最大的特点就是“快”，一般是在3~8个小时内完成设计成果，所以设计者必须快速地分析题目、思考题目、绘制图形，并且用独特的表现形式展示出自己的思路和能力。

建筑快题设计的成果表达注重理性判断，设计成果更概括、更整体，设计意图表达更清晰。

第三节 建筑快题设计的作用

建筑设计的过程是严谨并繁琐的，设计任务书—方案设计—初步设计—施工图设计，这样的过程需要充足的时间去完成。然而为了快速的考察一个人的设计能力，就需要进行快速的设计。建筑快题设计通过在短时间内完成的设计和表达，能看到设计者对于建筑设计的理解，如设计思维、创造能力、空间形式感等，这是考量一个人建筑设计能力的不错方式。所以建筑设计专业研究生入学考试、设计单位招聘考试等大都选择了这种特殊的设计形式。

第四节 建筑快题设计的类型

建筑快题设计按照设计的内容划分，常见的有以下三种类型。

一、一般功能建筑设计

一般功能建筑是指和我们生活密切相关的建筑，其功能性质是我们经常会接触到的。这类建筑的功能布局比较容易把握，在设计时偏重对功能理解的体现。如公共厕所设计、传达室设计、咖啡厅设计、茶室设计、小型别墅设计、图书馆设计、新农村住宅设计、社区文化中心设计等。

二、大空间、多元化空间建筑设计

大空间、多元化空间建筑在空间结构上的尺度偏大，建筑功能性质更加地多元化，在设计时注重对空间关系的理解和交通流线的处理。如会所设计、多功能厅设计、售楼中心设计、汽车4S店设计等。

三、创造性、易于发挥的建筑设计

创造性、易于发挥的建筑，需要设计者在原有的建筑基础上作出更创新的设计。这类建筑设计注重新事物与旧事物的联系。如Loft仓库改造、有河流或需要保留的树木作为设计条件的场地设计等。

第五节 建筑快题设计的原则

一、整体性原则

建筑快题设计的一个特点是在有限的时间里完成整个建筑的设计，所以图纸内容要能突出整体的效果，图纸表达也要第一眼就凸显出设计的整体特点，并能清楚表达设计意图。

二、准确性原则

虽然时间是有限的，但设计要准确地符合题目要求，特别是相关的指标和指定的条件。

三、凸显性原则

建筑快题设计不仅时间有限，图面大小也是有限的，所以图纸表达成果要有亮点，图面的版式和效果要能起到凸显设计的作用。

四、完整性原则

图纸内容在设计上要满足题目要求，图纸的种类和数量也要符合题目的要求，对设计内容的交代要完整清楚。

第二章 建筑快题设计的基础知识

建筑设计的定义是设计人们能使用的空间。为了满足人们的活动需求，建筑设计需要遵循一定的规律，并且受到行业规范的制约。快题设计因为时间关系需要快速表达，致使设计者在设计过程中常常会忽略一些最基本的要素，而在对建筑快题设计进行评判时，这些基本的要素更能体现出设计者的设计能力，所以我们需要对这些基础要素多加注意。

第一节 入口

建筑物入口是每一座建筑物的基本组成部分，是进入建筑的引导性空间，它也承载着室内和室外的联系。（图2–1）

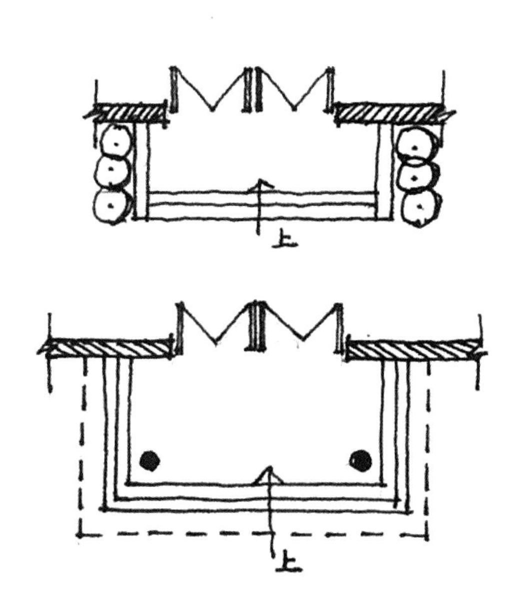

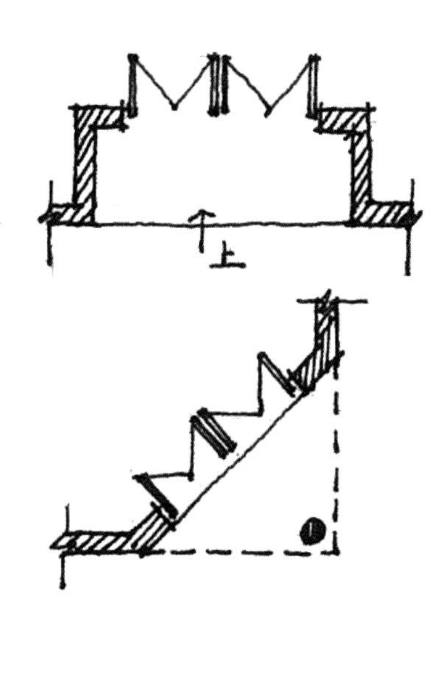

图2-1 入口形式的参考

第二节 楼梯

楼梯是建筑中的垂直交通设施。楼梯的基本要求以及表达内容通常最容易出现错误，因此把楼梯的基本要求数据以及表现形式提前练习掌握，在设计中就能准确有效地表达，并能节省一定的时间。

一、基本楼梯平面图、剖面图

楼梯的平面图和剖面图要准确表达，楼梯平面要注意首层、中间层、顶层的区别，以及楼梯起步的方向；楼梯剖面图要和平面图相互对应，楼梯结构也要表达清楚。（图2-2 ~ 图2-4）

二、楼梯参数

楼梯高度根据建筑层高决定，通常踏步高度150mm~175mm，踏步宽度260mm~300mm。

连续梯段踏步一般不应超过18步，也不应少于3步。

休息平台宽度不应小于楼梯宽度。

楼梯栏杆高度不宜低于900mm。

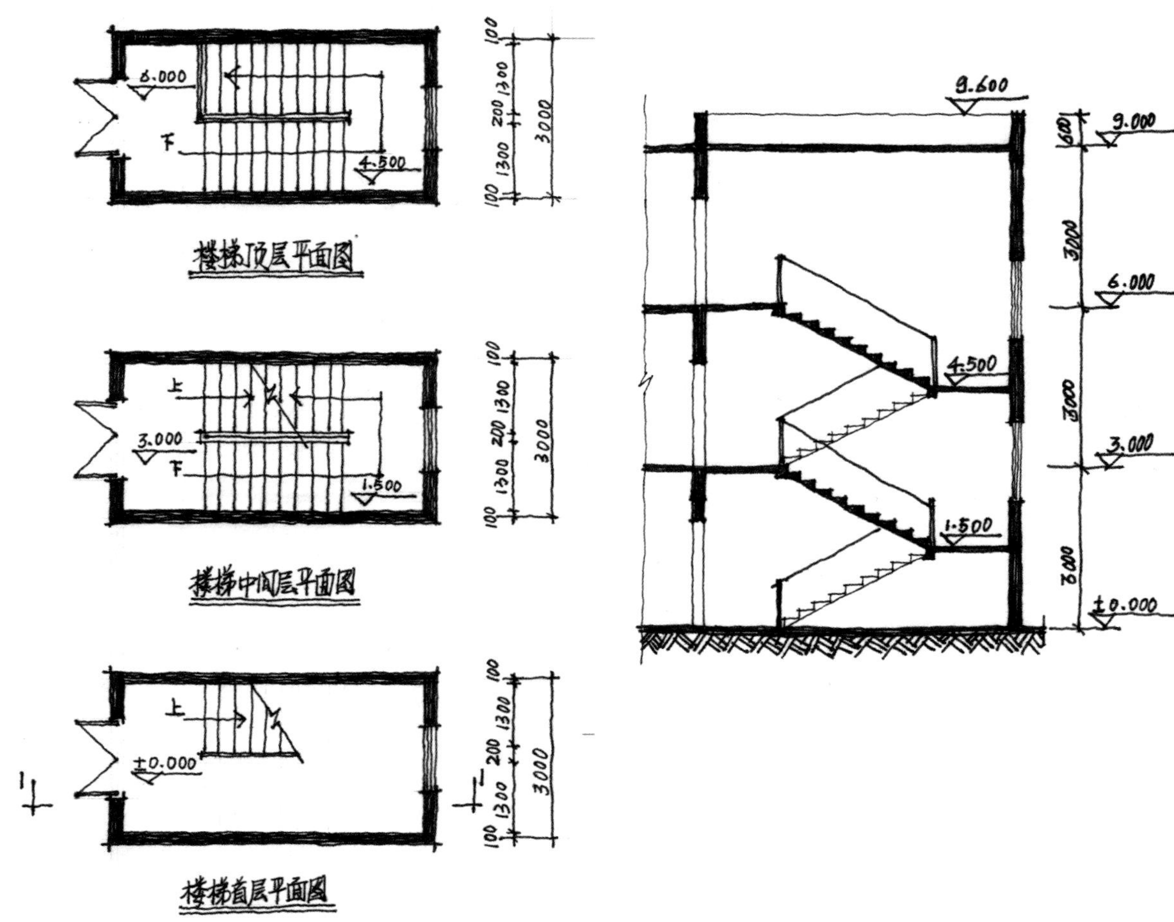

图2-2 基本楼梯的平面图和剖面图

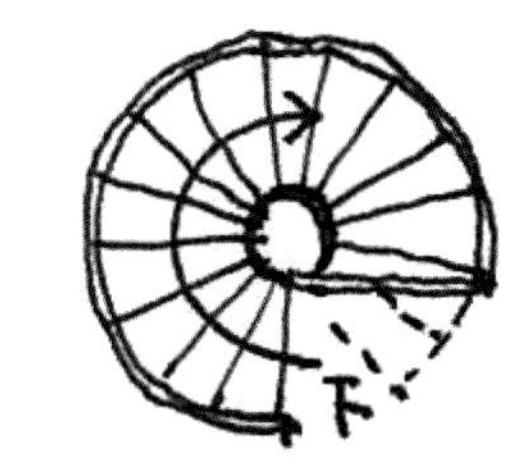

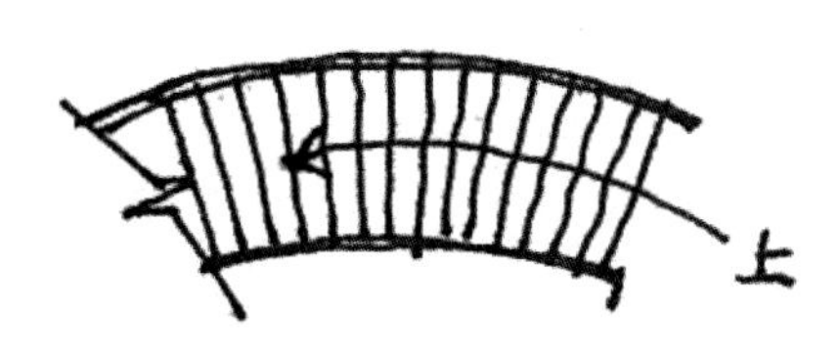

图2-3 其他形状楼梯

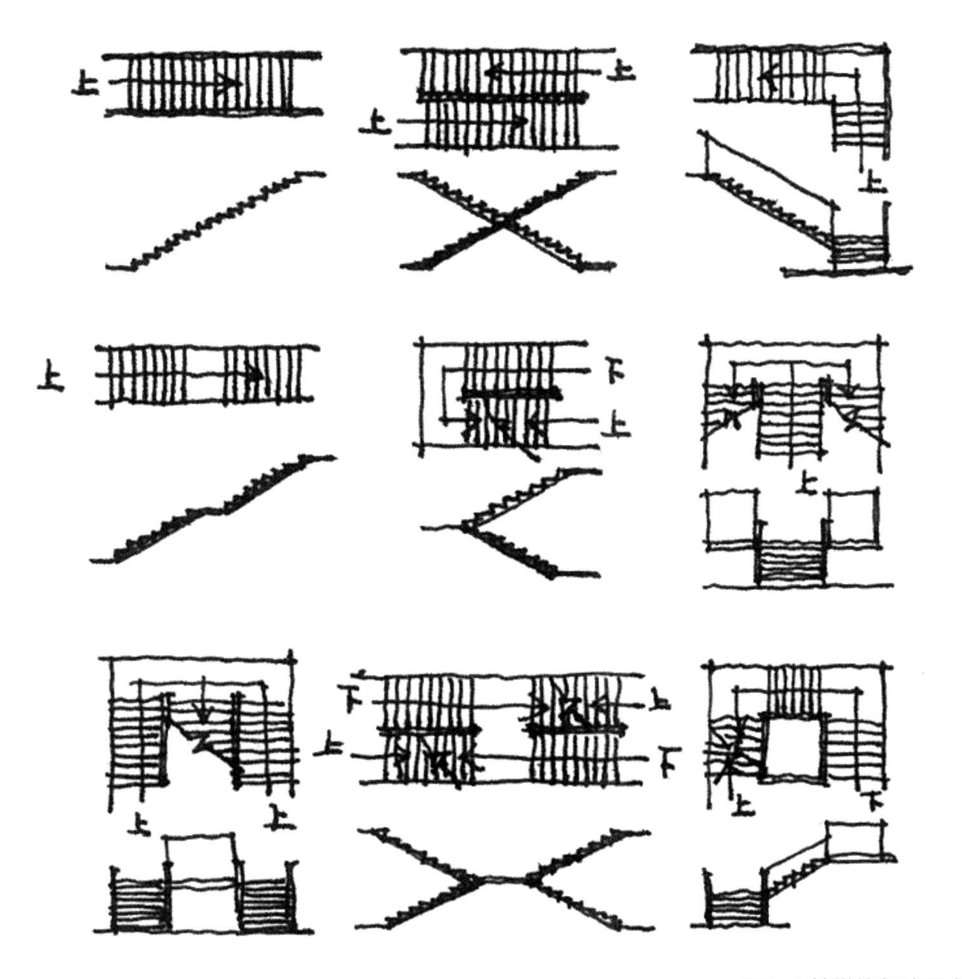

图2-4 楼梯的各种形式

第三节 阳台

阳台是室内空间和室外空间的过渡，在平面上它能丰富空间，在立面上它能丰富造型，通过光影关系增强立面的层次，具有很强的表现力。（图2–5）

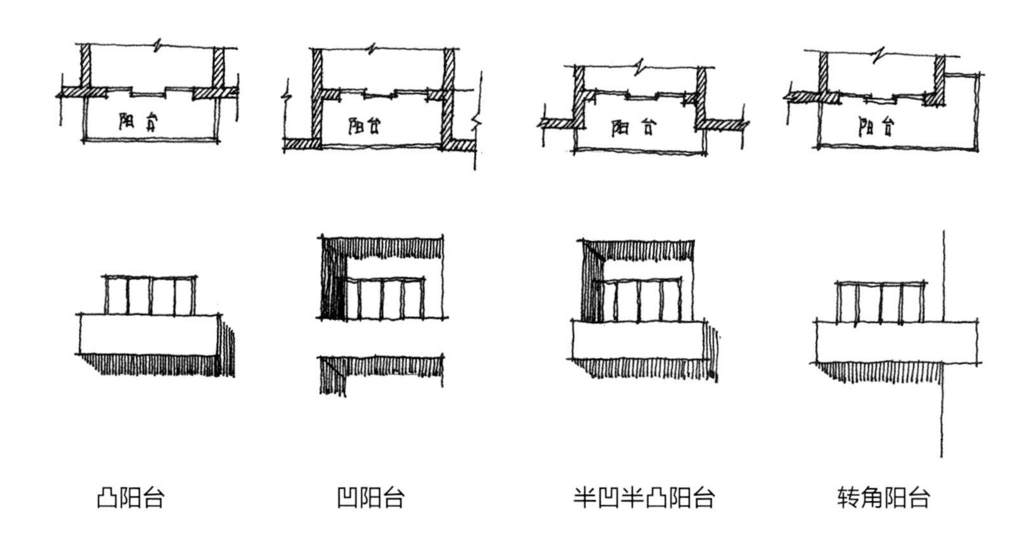

图2-5 阳台的形式

第四节 卫生间

卫生间是建筑设计中一个重要的组成部分，其位置既要方便寻找又要注意私密性，内部的布置要有一定的尺度要求。（图2-6）

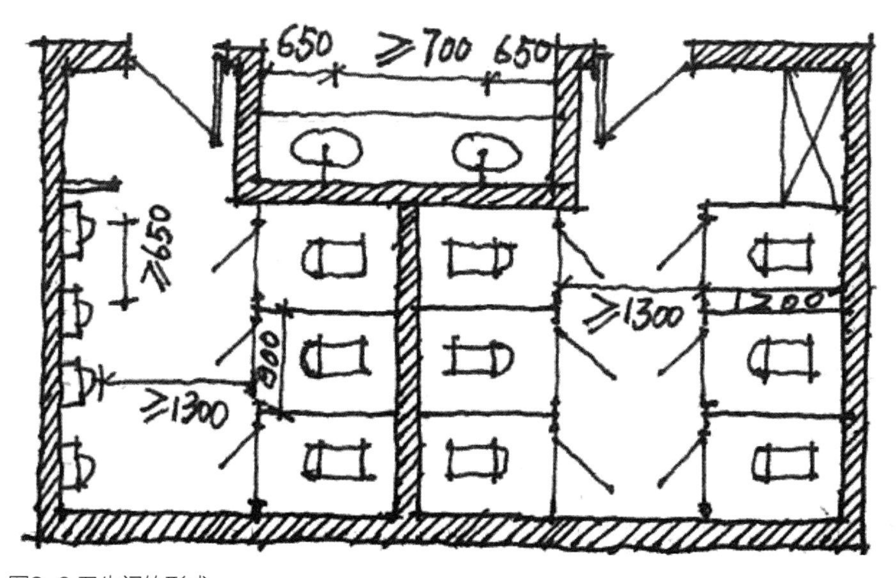

图2-6 卫生间的形式

第五节 无障碍设施

建筑设计中应为残疾人及老年人等行动不便者创造正常生活和参与社会活动的便利条件。（图2–7）

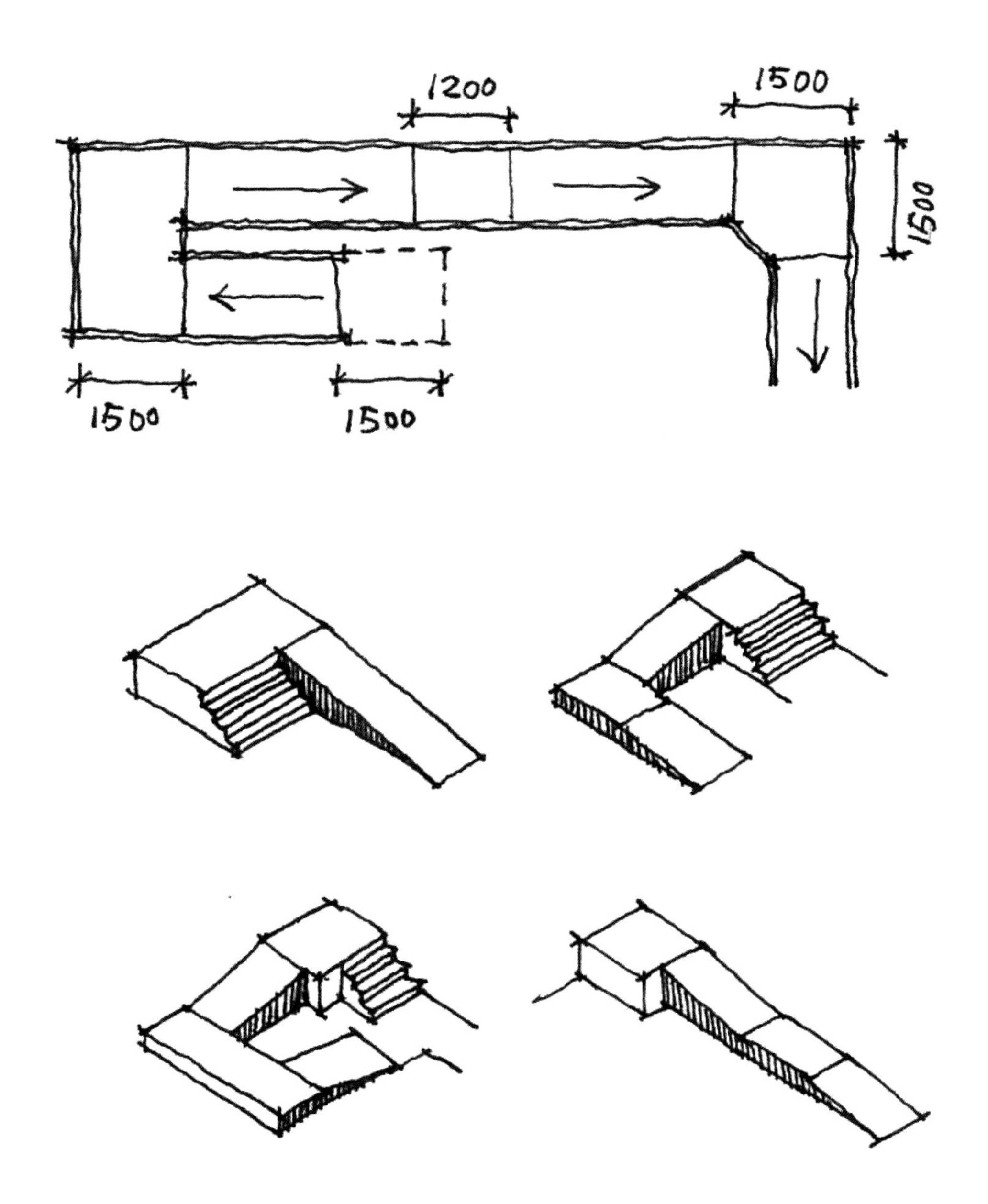

图2–7 无障碍坡道的形式

第三章 建筑快题设计的过程与方法

第一节 应试准备

一、心理素质训练

在平时学习的过程中多吸取其他人的经验，多做自我总结，在准备应试的过程中要有良好的心理素质，以自信乐观的态度让自己保持最佳状态迎接挑战。

二、专业技能训练

1.建筑基础知识准备

建筑设计是一门综合的学科，受到国家有关的政策和法规的约束。人体在空间中的尺度关系也是建筑设计的重要考虑因素，所以要熟练了解常用的规范和尺度比例。

2.设计资料准备

在平时的学习过程中，多搜集不同建筑方案的设计资料，积累建筑设计的不同类型和风格及其设计中的经验，形成自己的资料库。

3.生活体验观察

不同功能的建筑，空间形式和空间尺度也不同，亲自感受和体验不同功能类型的建筑空间，才能把握适当的功能流线。

4.表现技法资料准备

多临摹优秀的手绘表现图，练习不同种类的表现技法，找到自己得心应手的表现方法，就能在快题设计的过程中节省大量的时间。

5.工具准备

铅笔、钢笔、针管笔（细、中、粗号）、尺子（直尺、三角板、量角器）、圆规、橡皮、草图纸、色彩表现工具等。

第二节 任务书解读

在进行快速的建筑设计之前，正确解读任务书的要求并从中提取设计信息，是准确、快速完成快题设计的保障。（图3-1 ~ 图3-7）

重庆大学 2010 年硕士研究生入学考试试题

设计题目：社区活动中心设计

用地位于城市传统街区，周边是特色传统街区，环境风貌较好。场地内有一定高差，一株名木古树（树冠约 6 米）颇具观赏价值，需要保留。根据需要，新建一座社区活动中心，满足社区管理，提供居民休闲、活动等功能要求，建筑面积 800~1000 平方米，用地面积 452.0 平方米。

1.主要技术经济指标

1.总用地面积：452.0M²

2.总建筑面积：800~1000 M²

3.建筑层数：沿街≤3 层

2、建筑功能要求

1）主要服务功能 500~600 M²

休闲活动用房、建身活动用房；陈列展示、读书阅览；冷饮、茶饮、咖啡、小卖部等；

2）办公管理部分 150~200 M²

3）辅助部分 150~200 M²

卫生间、楼梯间、含门厅、储藏、过道等；

3、图纸要求

总平面图 1:300

平面图 1:100~1:150（一层平面应表达建筑与周边场地关系）

立面图 1:100~1:150，剖面图 1:100~1:150（含场地关系）

表现图（表现形式不限）

技术经济指标及简要的构思说明

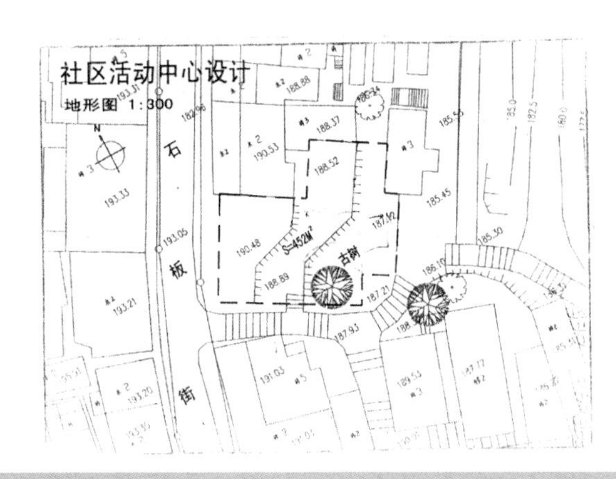

项目性质，建筑面积800~1000平方米，
用地面积 452平方米
建筑层数：沿街≤3层
占地面积 ≈ 建筑面积/建筑层数
800~1000/3
≈ 266 ~ 330m²
建筑性质：公共建筑

主要功能：
主要服务功能500~600m²：休闲活动用房，健身活动用房，陈列展示，读书阅览，冷饮，茶饮，咖啡，小卖部
办公管理部分 150~200m²
辅助部分 150~200m²，卫生间，楼梯间，门厅，储藏，过道

特殊功能要求：树冠约6米的古树需要保留

图3-1 任务书解读

图3-2 尺规表达

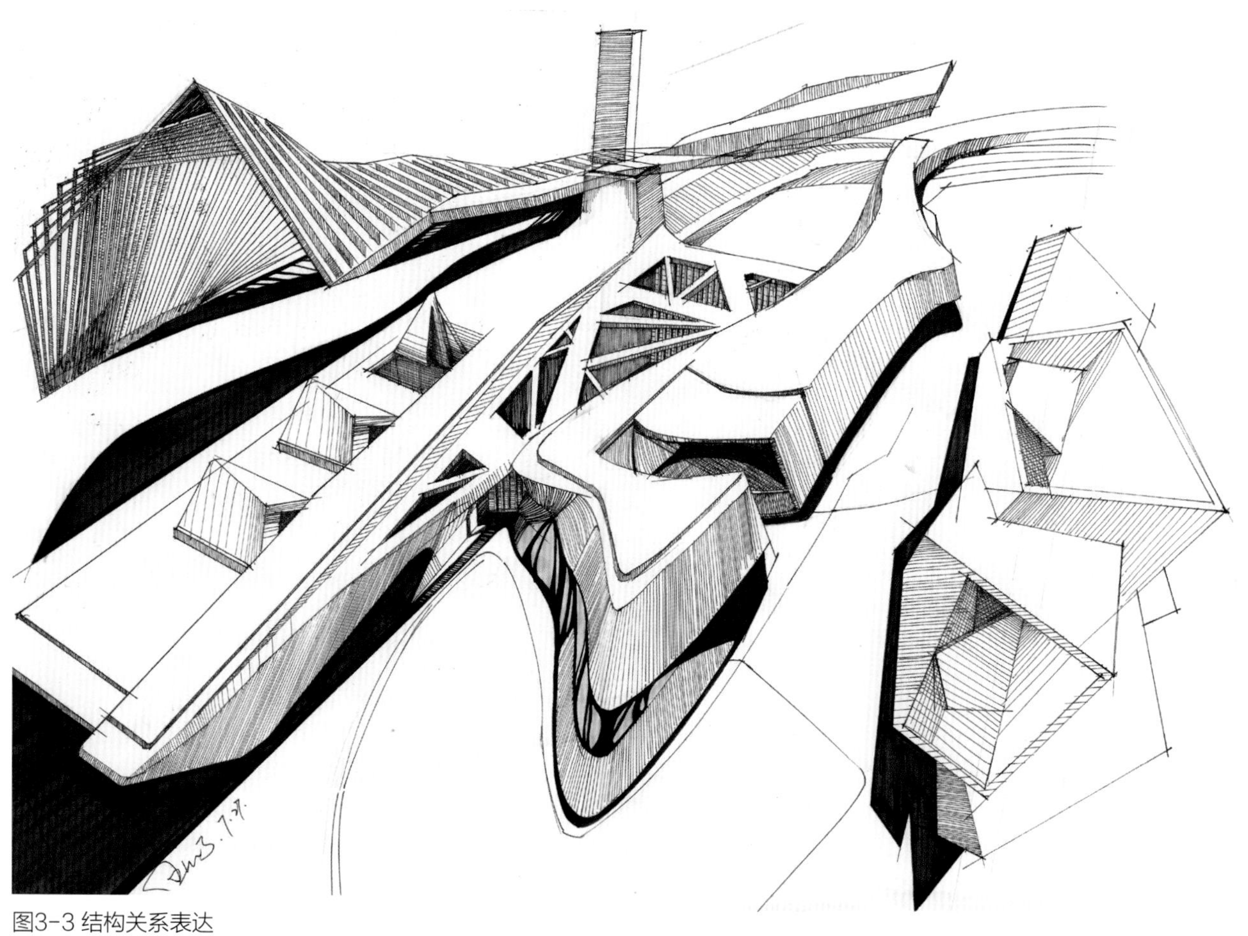

图3-3 结构关系表达

图3-4 黑白速写表达

图3-5 快速简洁表达

图3-6 马克笔表达

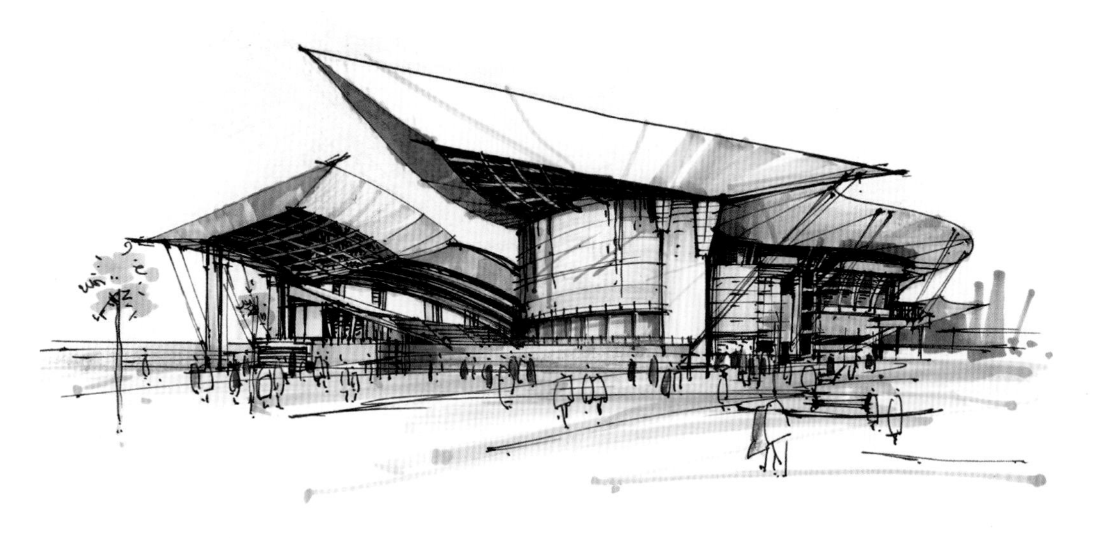

图3-7 注重细节表达

一、项目性质

1.建筑规模

对建筑规模，通俗的理解就是建筑项目的大小和体量，通常通过建筑总面积、建筑高度、建筑占地面积来体现。在任务书中要对这些指标充分了解。

2.建筑性质

建筑性质主要是对建筑功能的区分，通常分为公共建筑、文化建筑、居住建筑，要根据任务书中的功能对所要设计的建筑进行性质的定位。

二、主要功能

不同性质建筑的基本功能有不同的要求，要清楚地了解任务书中对该性质建筑的功能划分，并能整理这些功能的相互关系。

三、特殊功能

在基本功能的基础上，任务书中可能会要求某些特别的功能，在设计时不能忽略。

四、规划要求

1.建筑退界

在建筑设计中需要有规划方面的要求，如建筑退让基地范围线（建筑红线）的距离，以及与周边建筑的间距等。

2.明确设计要求

明确建筑入口的位置，以及在基地中是否有需要保留的树木或建筑、构造等。

第三节 构思草图

一、寻求合理的分区布局

1.特殊功能空间

某些空间的形式具有特殊的功能，如多功能厅、活动室等，其位置决定其他空间的布局，所以要合理安排。

2.引导性功能空间

某些空间在整个建筑中影响着交通组织的方式，如门厅、楼梯等，所以要让这些空间发挥引导性作用。

3.主体功能空间

建筑设计中主要的功能空间，如教室、办公室等，其构成整体的空间形象，决定着主要的活动区域和结构形式，因此要突出其主导性的位置。

4.室外空间

与建筑相连的室外空间，如广场、活动场地等，其位置影响着室内和室外的交通流线组织以及建筑朝向等问题，要很好的和室内空间结合。

二、寻求合理的交通系统

1.门厅

门厅是建筑的出入口，要突出引导、分流的作用。

2.平面交通

平面交通要便捷化、系统化，注意主次交通组织和环形交通组织。

3.垂直交通

垂直交通要合理布置、出入便捷，垂直交通体（楼梯、电梯）在各层平面图中的位置要对应。

4.楼梯位置

楼梯的设置要符合入口分流和疏散距离的要求，处理好上下空间的联系。

5.走道尽端

如果出现尽端式走道，要符合到达疏散楼梯的距离要求。

三、合理的形态构成

1.平面形态构成

（1）单元建筑空间构成

建筑空间平面自身的形状、大小等因素影响着空间的特征，彼此间的相对位置、方向及结合方式等的不同关系，构成空间上有变化、视觉上有联系的空间综合体。

①连接：两个相互分离的空间由一个过渡空间相连接，过渡空间的特征对空间的构成关系有决定性的作用。（图3-8～图3-11）

②接触：两个空间之间的视觉与空间联系程度取决于分割要素的特点。（图3-12～图3-15）

③包容：大空间中包含着小空间，两空间产生视觉与空间上的连续性。（图3-16～图3-18）

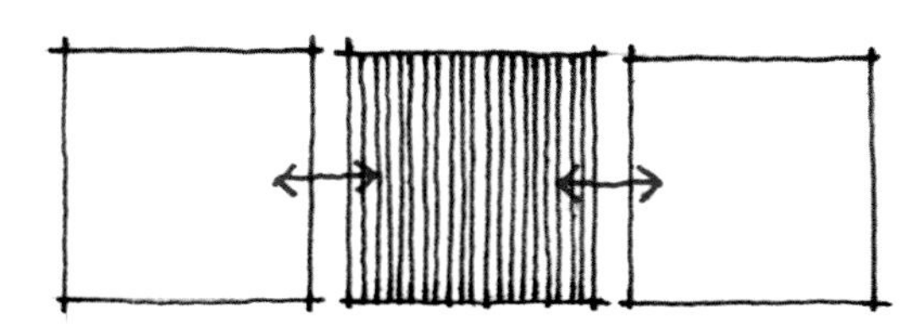

图3-8 过渡空间与它所联系的空间在形式、尺寸上完全相同，构成重复的空间系列

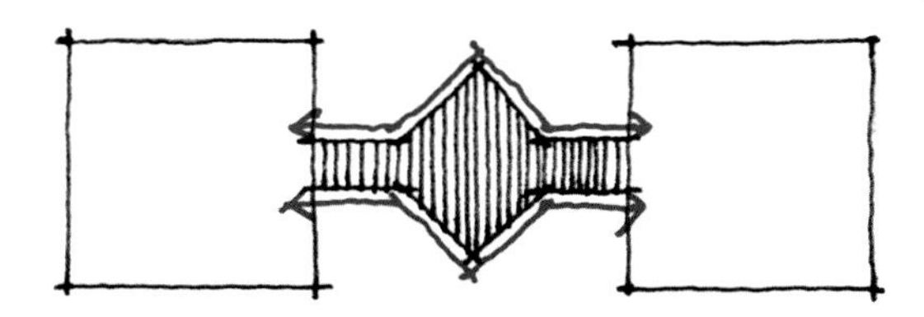

图3-9 过渡空间与它所联系的空间在形式和尺寸上不同，强调其自身的联系作用

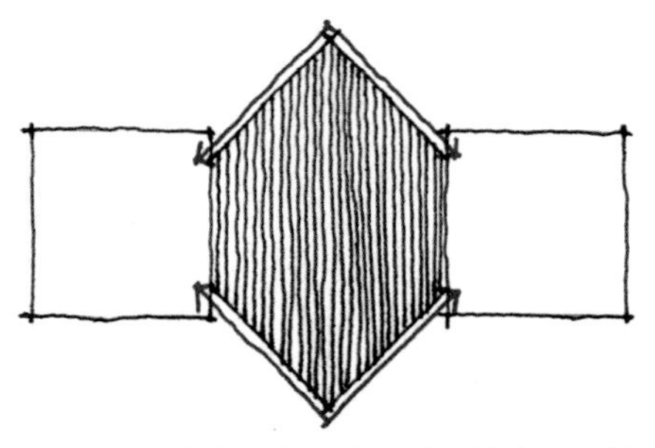

图3-10 过渡空间大于它所联系的空间而将它们组织在周围，成为整体的主导空间

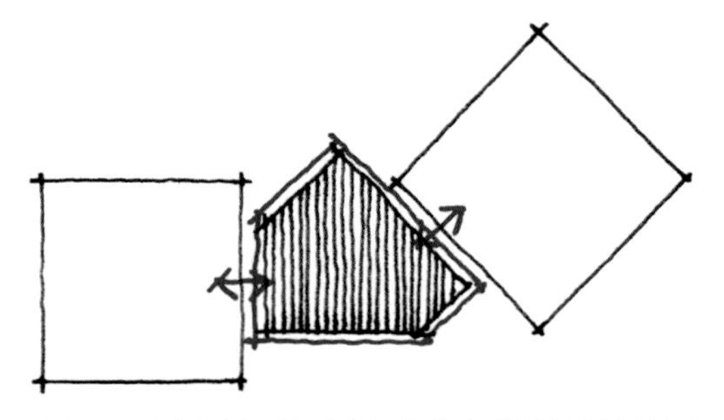

图3-11 过渡空间的形式与方位完全根据其所联系的空间特征而定

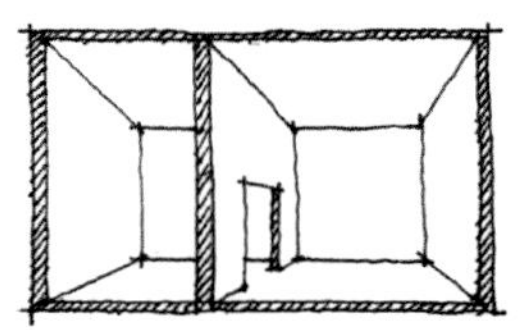

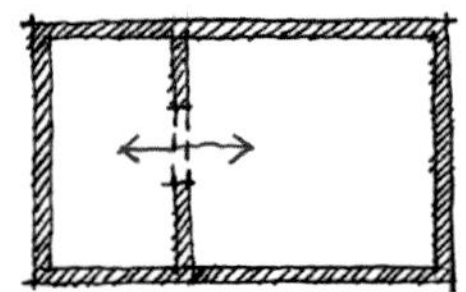

图3-12 实体分割，各空间独立性强，分割面上开洞程度影响空间感

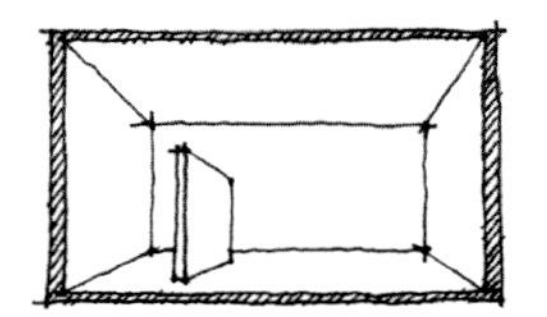

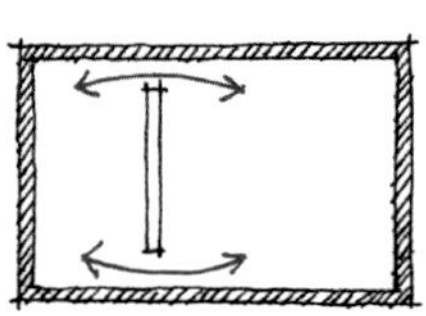

图3-13 在单一空间里设置独立分割面，两空间隔而不断

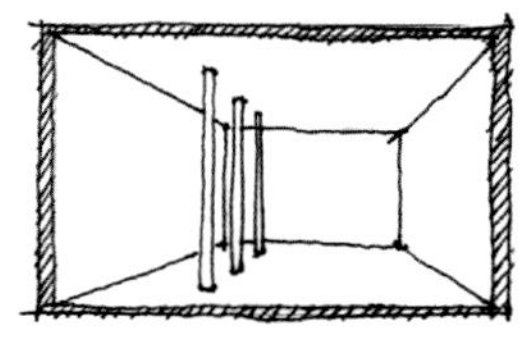

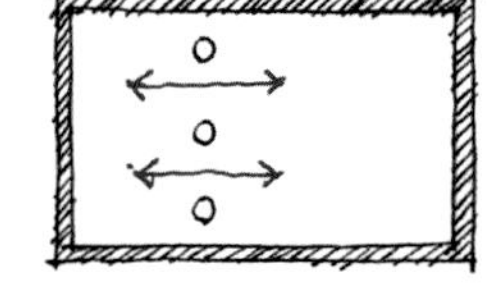

图3-14 线状柱列分割，两空间有很强的视觉和空间连续性，其通透程度与柱子的数目有关

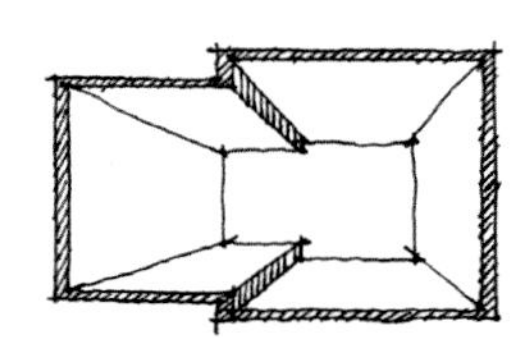

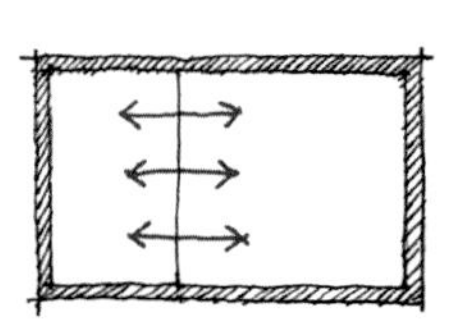

图3-15 以地面标高、顶棚高度或墙面的不同处理构成两个有区别而又相连续的空间

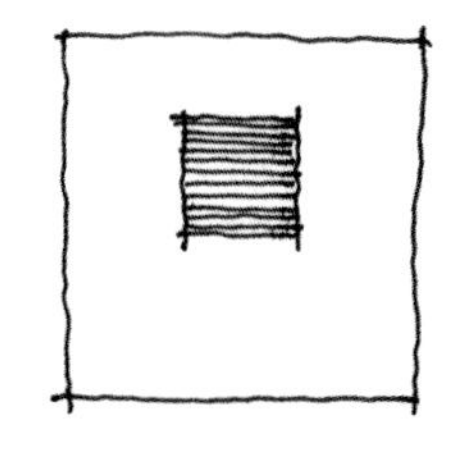

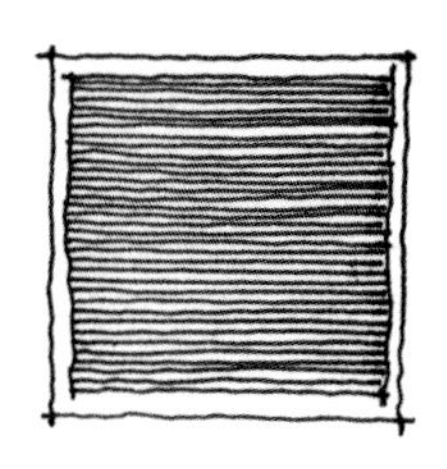

图3-16 两空间的尺寸应有明显差别，差别大包容感强，差别小包容感弱

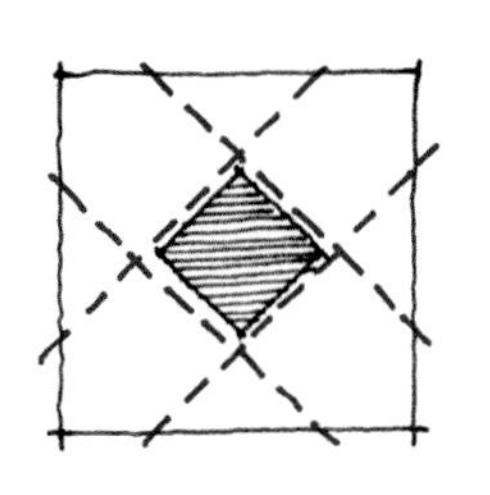

图3-17 大小空间的形状相同而方位不同，产生第二网格，使小空间有较大的吸引力，构成有对比、有动态的剩余空间

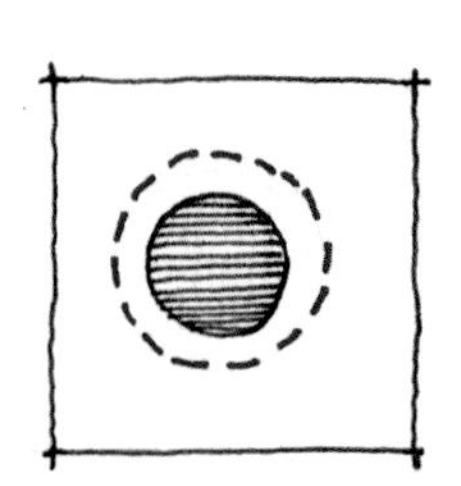

图3-18 大小空间不同形体的对比，表示两者不同的功能，或象征小空间具有特殊的意义

④相交：两空间的一部分重叠而成为公共空间，并保持各自的界限和完整性。（图3–19 ~ 图3–21）

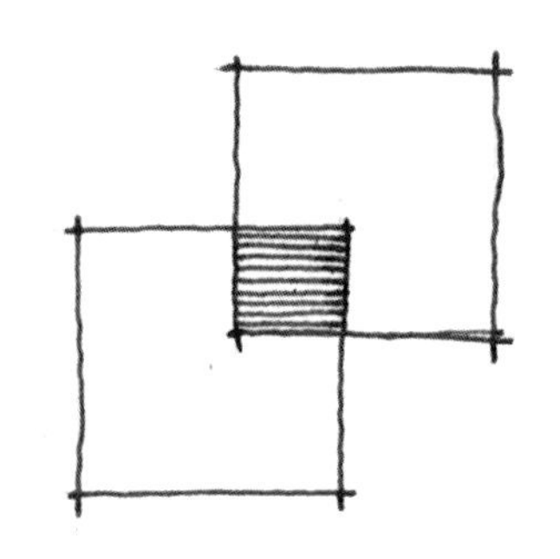

图3-19 两空间保持各自的形状，重叠部分为两空间所共有

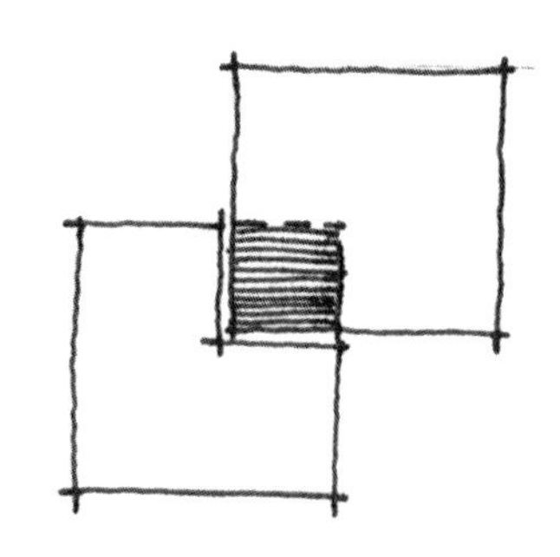

图3-20 重叠部分与其中一个空间合为一体，成为完整的空间，另一空间为次要的和从属的

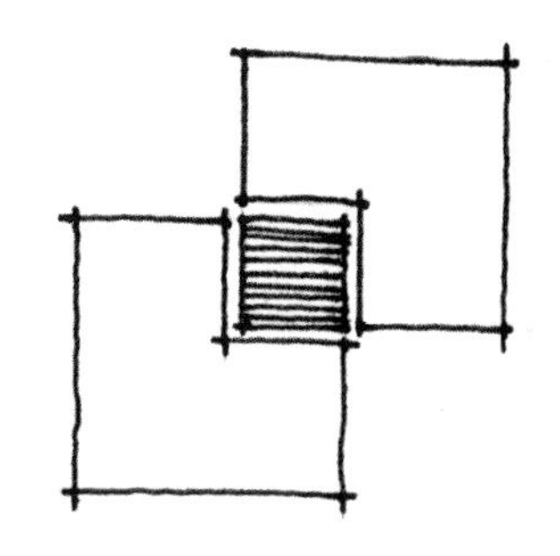

图3-21 重叠部分自成一个独立部分，成为两空间的连接空间

（2）多元建筑空间构成

多元空间由两种或两种以上的单元空间构成，不分先后、不分主次，既可以是相同的单元空间，也可以是不同的单元空间，同时存在，同时进行，具有相容和不相容两方面的特点。

①集中式组合：稳定的向心式构成，一般由一定数量的次要空间围绕一个大的主导空间。中央主导空间一般是规则的、较稳定的形式，尺寸较大，这样可以支配次要空间，并在整体形态上居于主导地位；而次要空间的形式可以相同，也可以不相同，尺寸上也相对较小。（图3–22 ~ 图3–24）

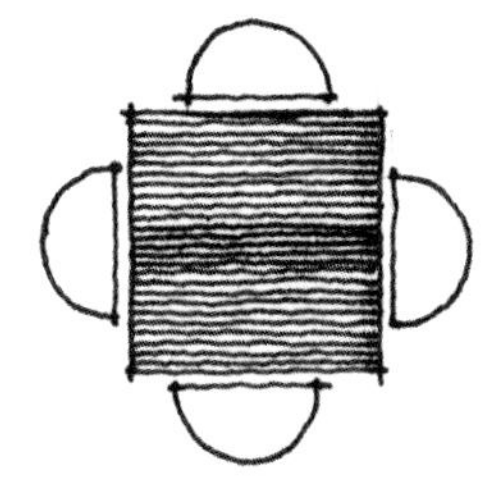

图3-22 次要空间的功能、尺寸可以完全相同，形成双向对称的空间构成

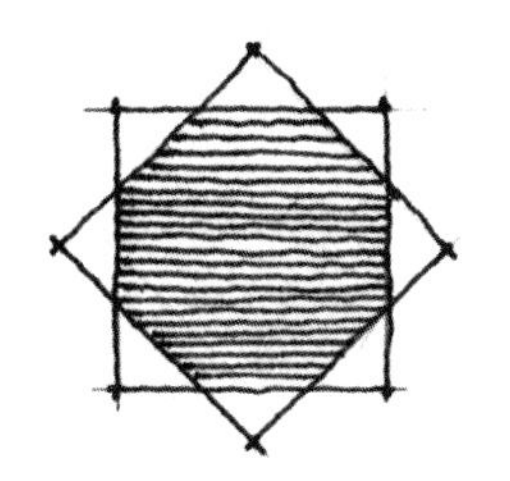

图3-23 两大空间相互套叠后构成对称式集中空间

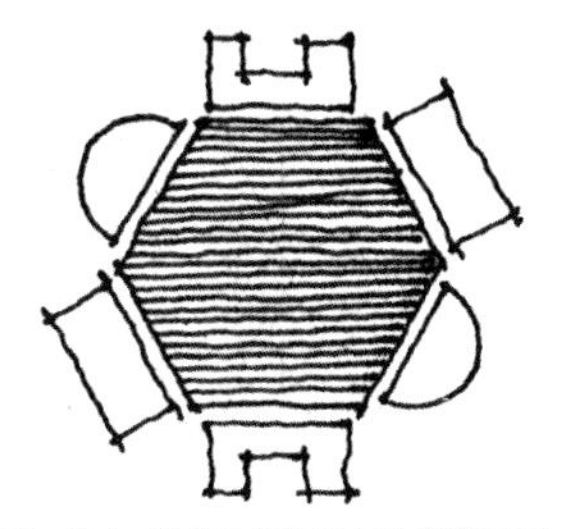

图3-24 次要空间的功能和尺寸可以不相同，按功能和环境构成不同形式

②串联式组合：若干单元空间按照一定的方向排列相接，构成串联式的空间形式，每个单元空间可以重复，也可以不重复，或部分重复；排列方式可以是直线形的，也可以是折线形的，还可以是曲线形的。总之，既可以是规则的，也可以是不规则的。（图3-25 ~ 图3-29）

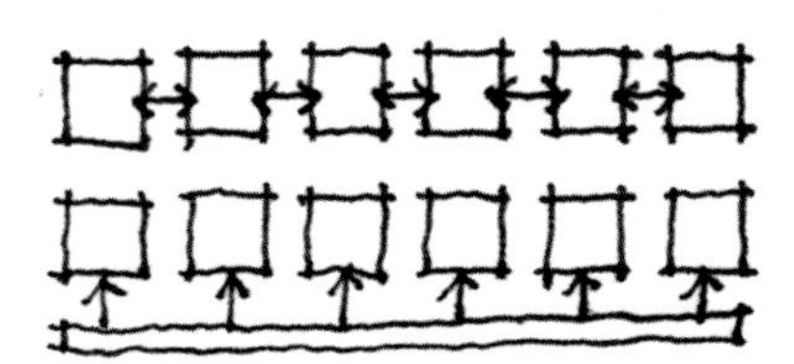

图3-25 各个单元空间逐个彼此相连，也可将各单元空间用单独的线式空间相连接

图3-26 各相连空间的尺寸、形式和功能可相同，也可不相同

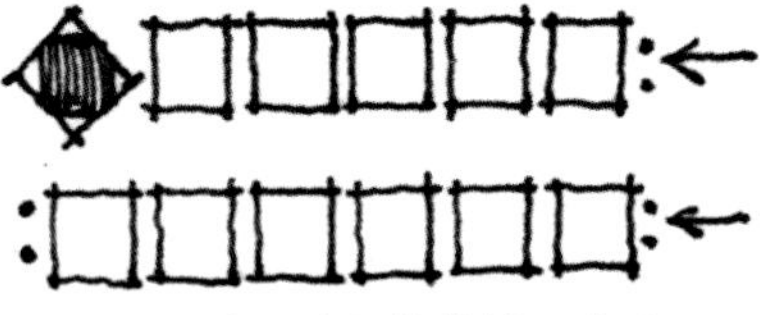

图3-27 串联空间的终端可终止于一个主导空间，或突出的入口，也可与其他环境融为一体

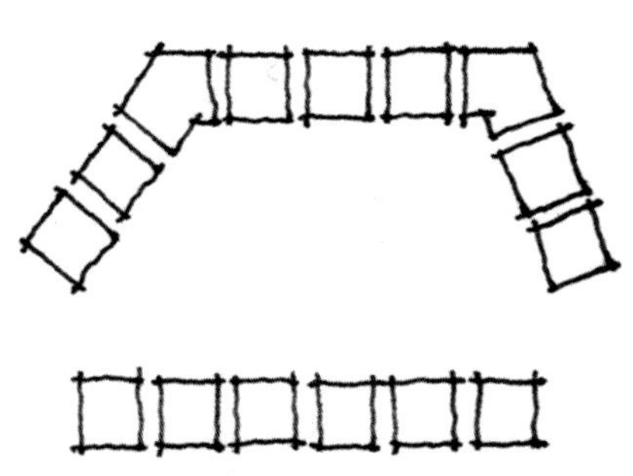

图3-28 曲线或折线的串联构成可相互围合成为室外空间

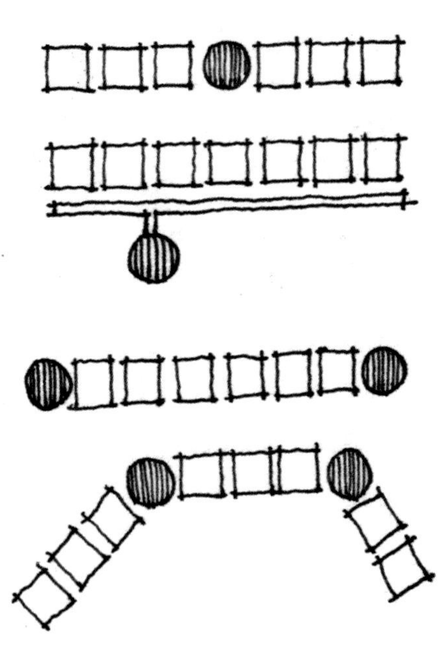

图3-29 串联构成中具有重要性的单元空间，除了可以用特殊形式与尺寸表示其重要性外，也可以强调其位置：位于序列中央；偏移于序列之外；位于序列两端或在序列转折处

③放射式组合：放射式兼有集中和串联两种构成方式，它是由一个处于集中位置的中央主体空间和若干向外发散开来的串联式空间组合而成。中央空间一般为规则式，外伸线式臂的长度、方位因功能或场地条件而不同，其与中央空间的位置、方向的变化产生不同的空间形态。（图3-30～图3-32）

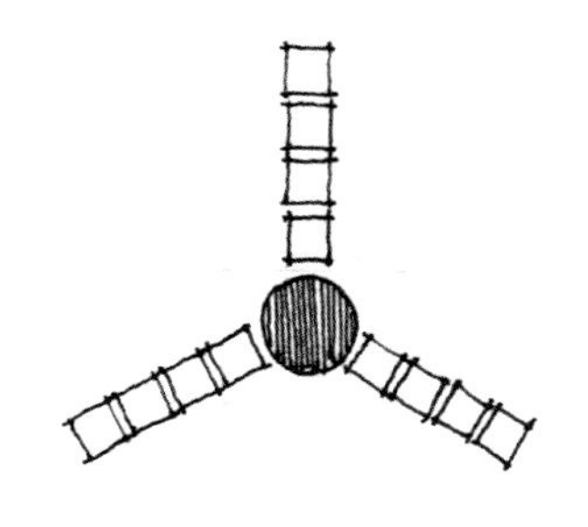

图3-30 线式臂在长度、形式方面大体相同，保持整体组合的规则性，构成的空间具稳定性与均衡感

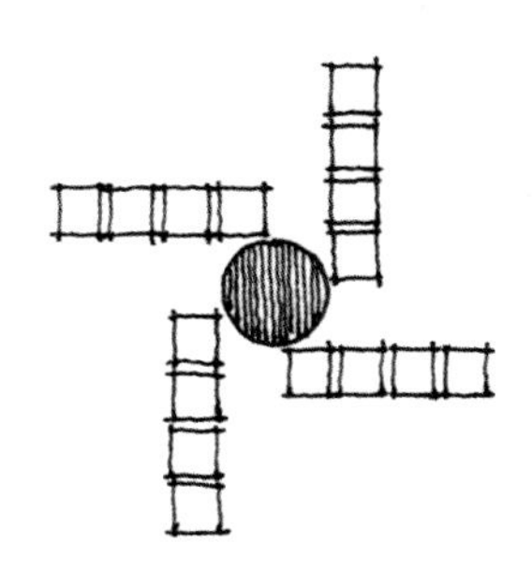

图3-31 线式臂的长度、形式相同或不同，方位相互垂直地向外延伸，构成富有动势的旋转运动感

图3-32 线式臂的形状、长度、方向可互不相同，中央空间处于一侧，以适应功能或地形的条件

④组团式组合：将功能上类似的单元空间按照形状、大小或相互关系方面的共同视觉特征，构成相对集中的建筑空间；也可将尺寸、形状、功能不同的空间通过紧密的连接和诸如轴线等一些视觉上的规则手段构成组团。它具有连接紧凑、灵活多变、易于增减和变换组成单元而不影响其构成的特点。（图3-33～图3-38）

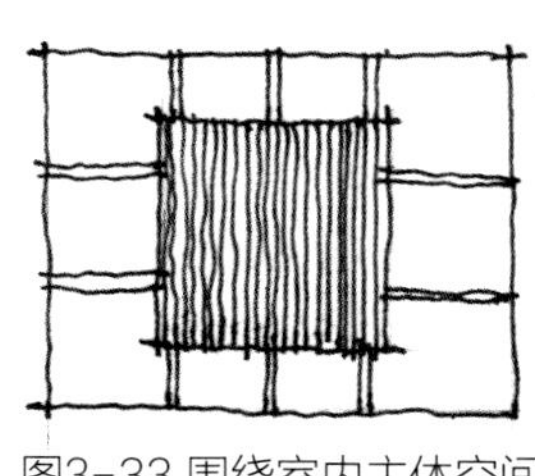

图3-33 围绕室内主体空间

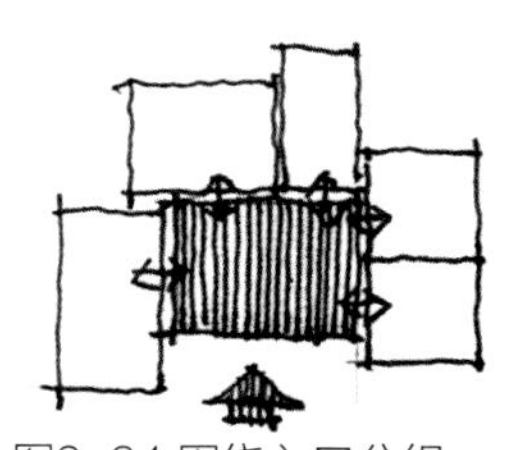

图3-34 围绕入口分组

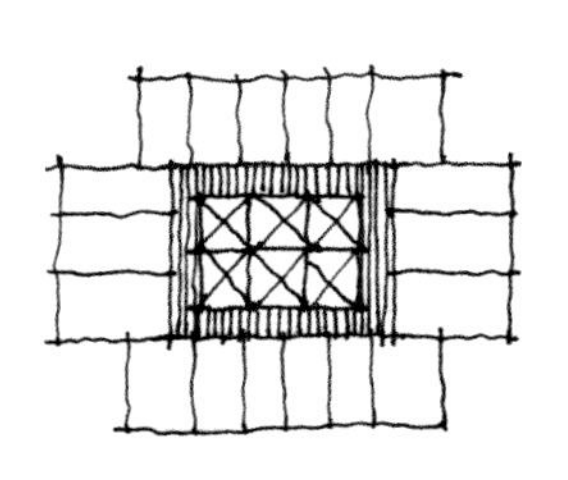

图3-35 围绕交通空间分组

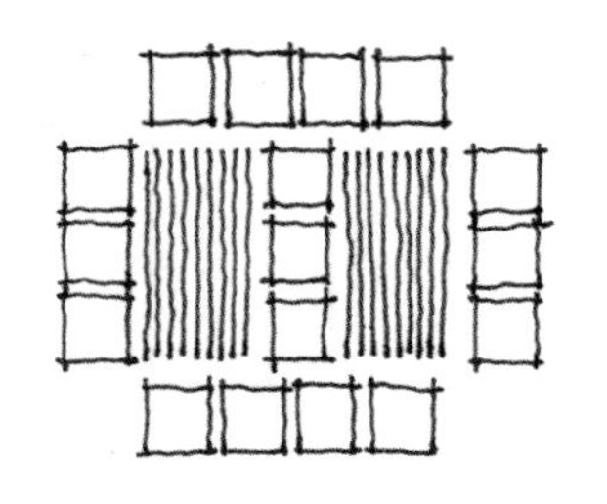

图3-36 围绕室外空间分组

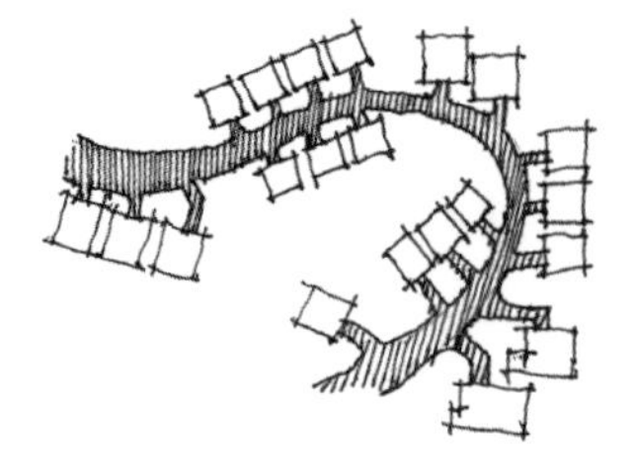

图3-37 围绕室外空间分组

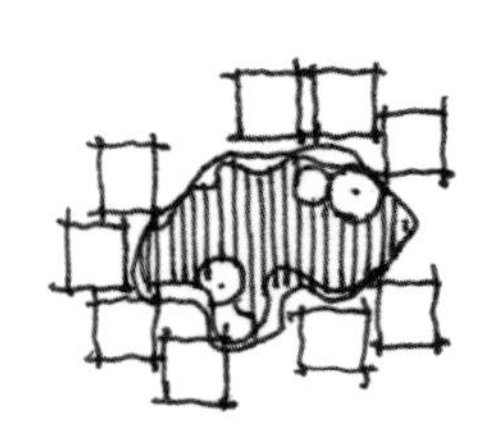

图3-38 围绕庭院组成组团

（3）平面空间网格构成

空间网格决定建筑物的开间、进深、柱距、跨度、层高等主要空间控制要素。在基本网格的基础上采用网格的增加、减少、倾斜、中断、旋转、插入、交替等手法，可构成丰富多变的平面空间形式。（图3-39）

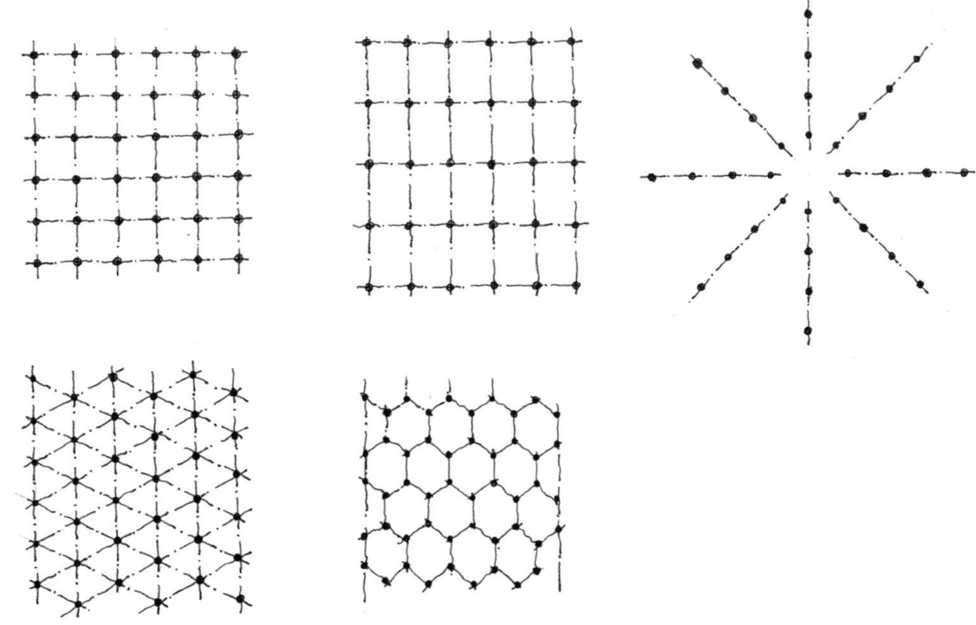

图3-39 常用空间网格形式：正方形、矩形、三角形、六边形、放射形

2.体量形态构成

建筑体量的相互关系构成了建筑外部空间形态。建筑的基本形态有立方体、柱体、球体、锥体等，任何复杂的建筑形体均可简化为基本形体的组合。（图3-40）

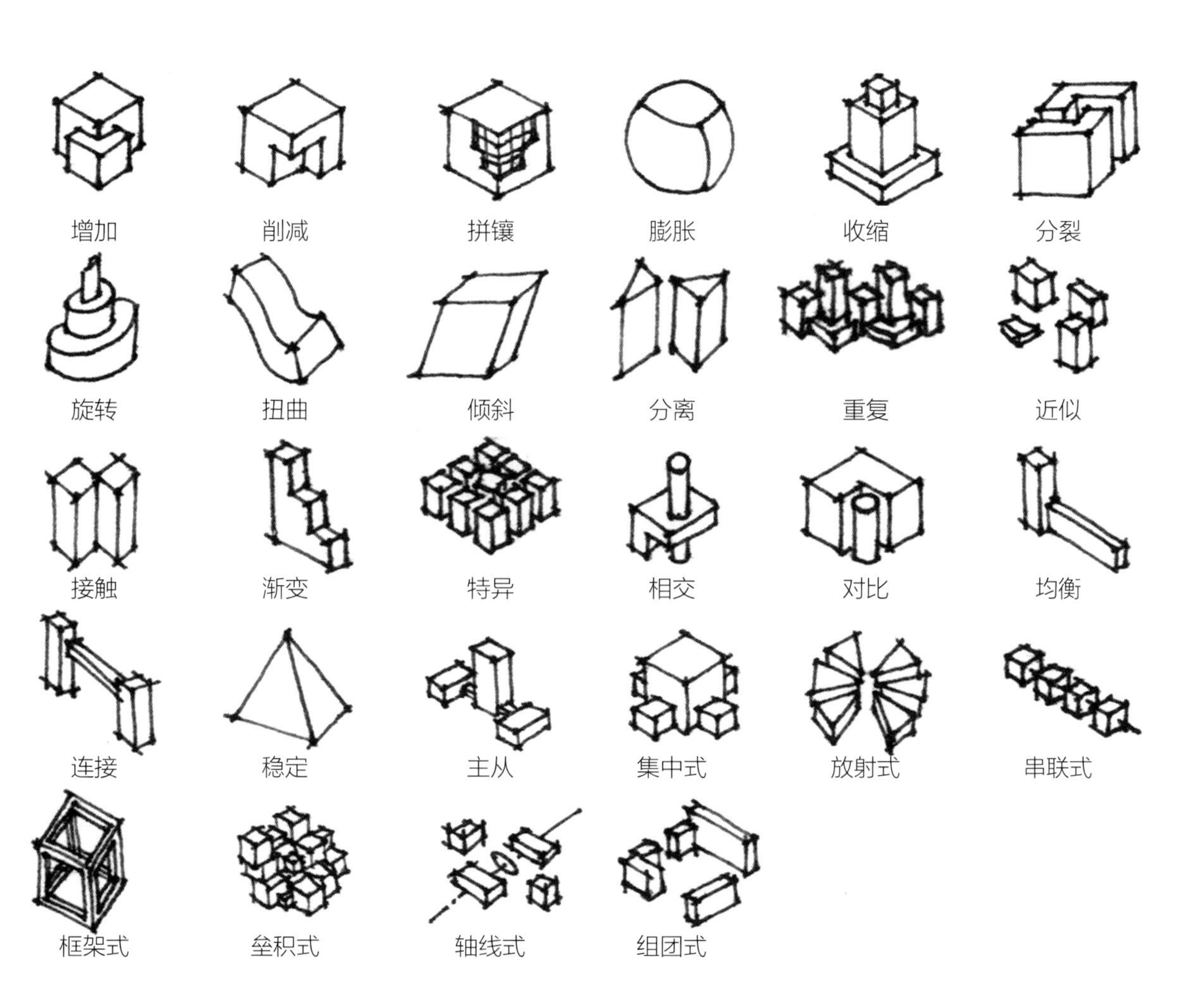

图3-40 几何体的体量关系

第四节 图面排版

建筑快题设计的版式布局也是很有讲究的，排版合理、新颖，能提升整个图面的效果。排版布局要注意张弛有度、疏密有致、突出重点、版面均衡，以简洁、紧凑为原则。（图3-41）

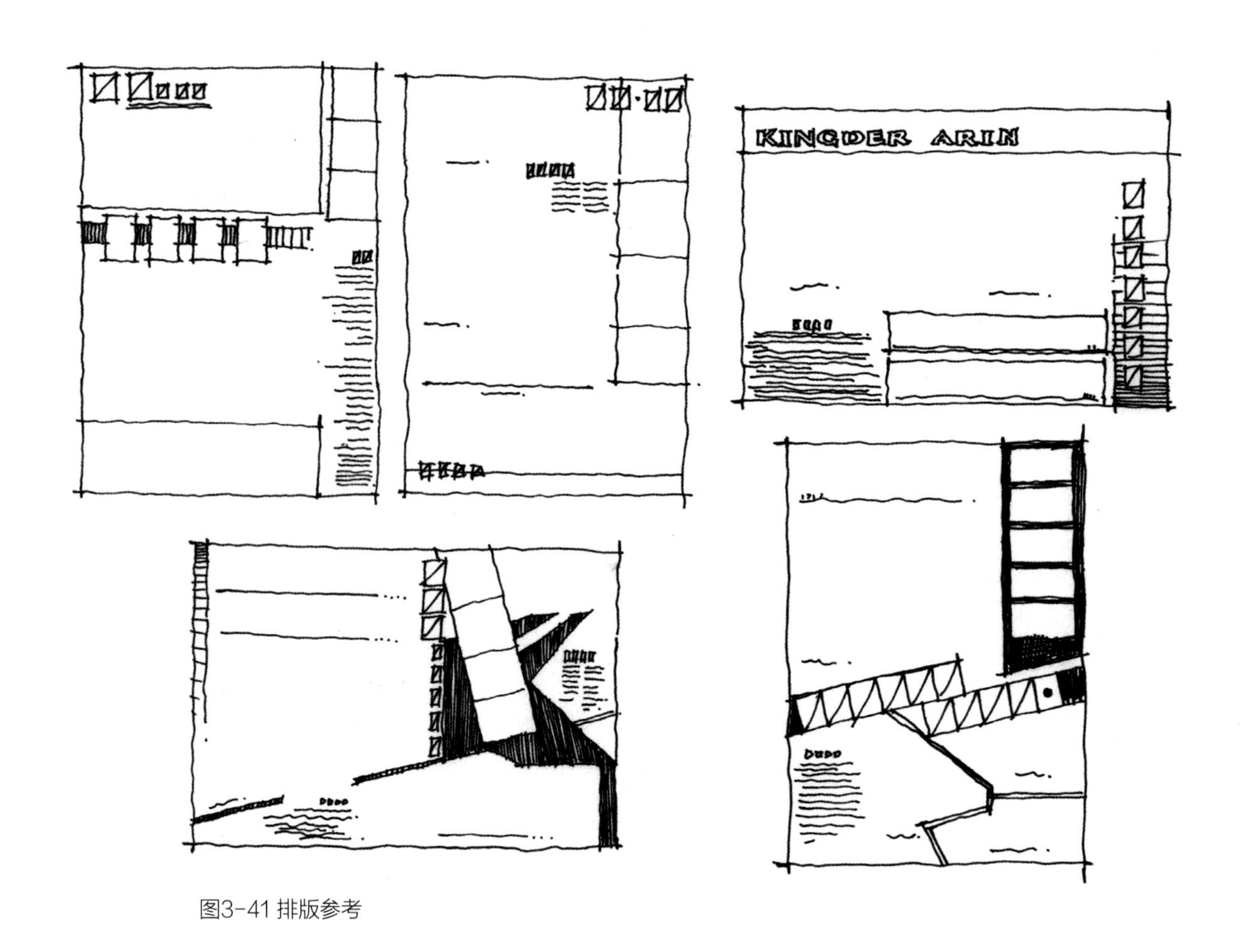

图3-41 排版参考

第五节 图纸绘制

一、总平面图

1.总平面图的目的

总平面图用以表示整个基地的总体布局、建筑与周边环境的关系，以及场地内道路和绿化的布局。（图3-42）

2.包含的内容

（1）指北针

说明场地以及建筑的朝向和方位。（图3-43）

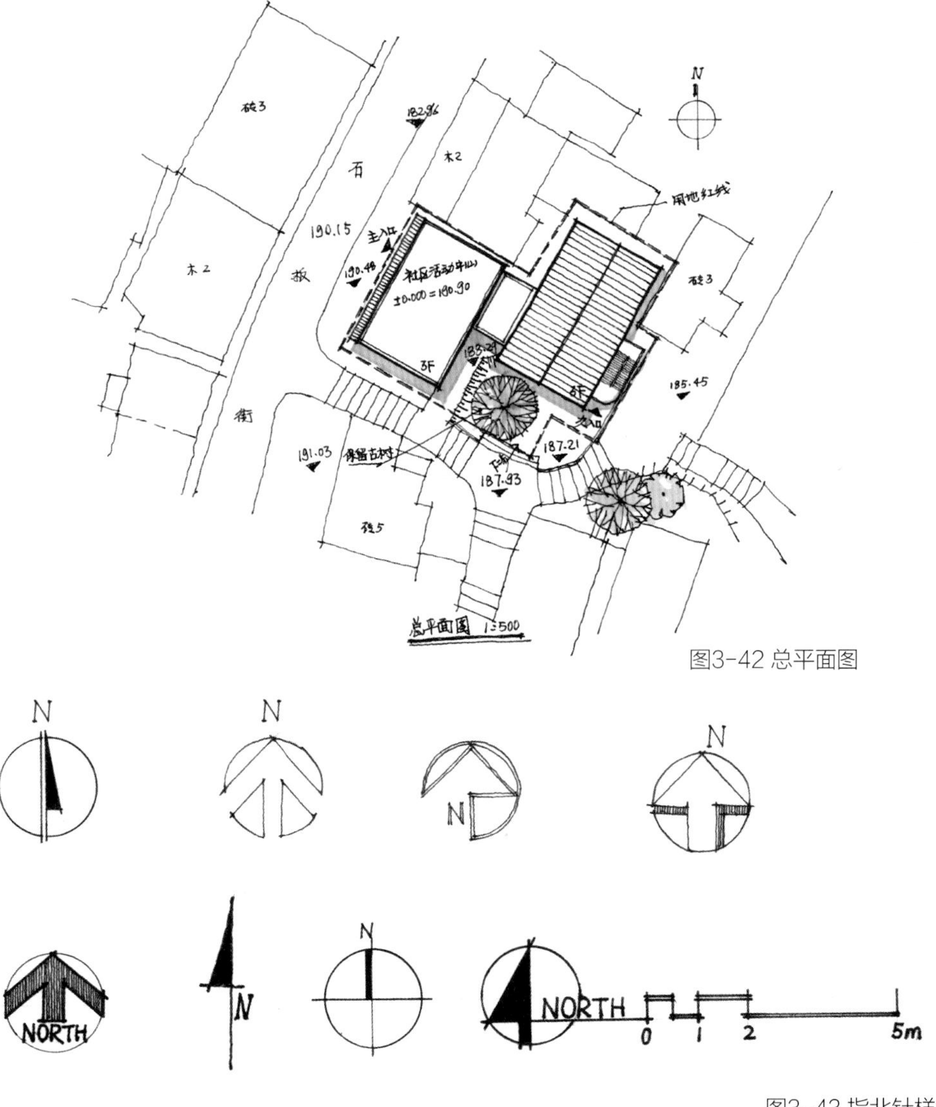

图3-42 总平面图

图3-43 指北针样式

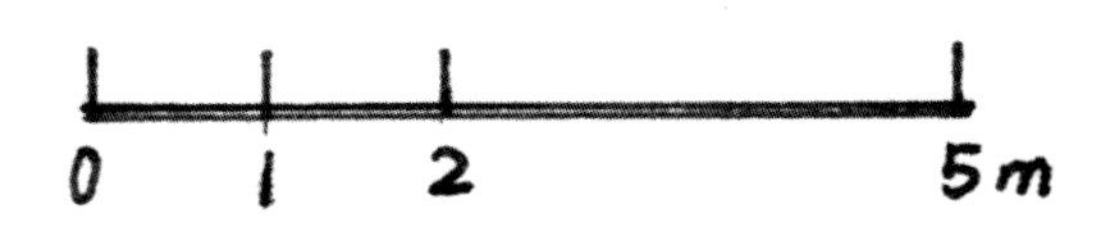

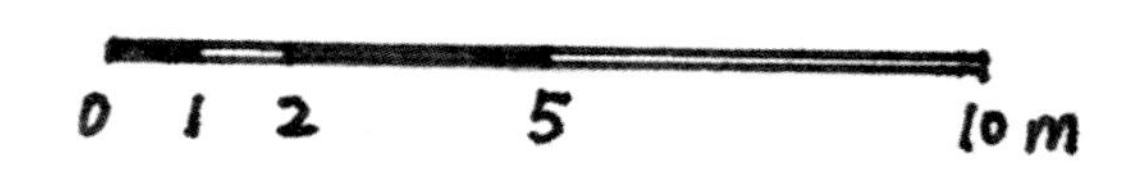

图3-44 图示比例尺

（2）比例尺

说明图纸与实际场地的缩略比，分为数字比例或者图示比例尺。（图3-44）

（3）道路和广场

表明人流、车流的走向。

（4）主次入口

说明建筑物与场地的联系以及疏散状况。

（5）地形状况和绿化

表现建筑与周边环境状态。

（6）建筑红线

标明可以使用的范围。

二、分析图

分析图是设计者思考的过程和对设计理解的图面表达，在建筑快题设计中常看到的是功能分区和交通流线的分析图。

1.功能分区

（1）明确要求

对任务书中功能的提炼，明确设计要求和功能定位。（图3-45）

（2）平面布局

功能在平面上的分区合理，更好地理解各部分功能之间的关系。（图3-46）

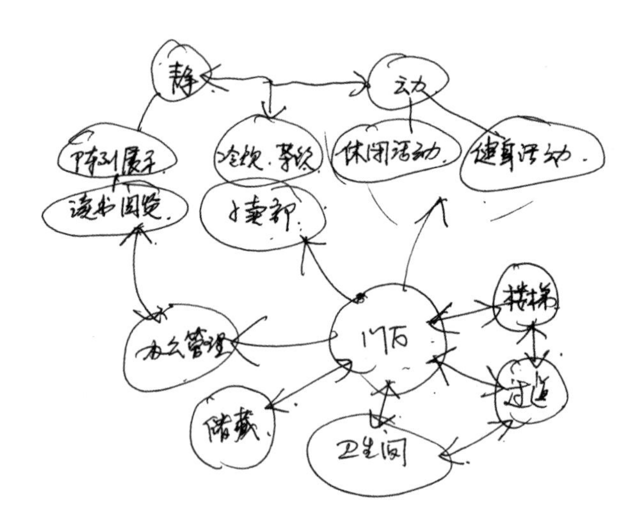

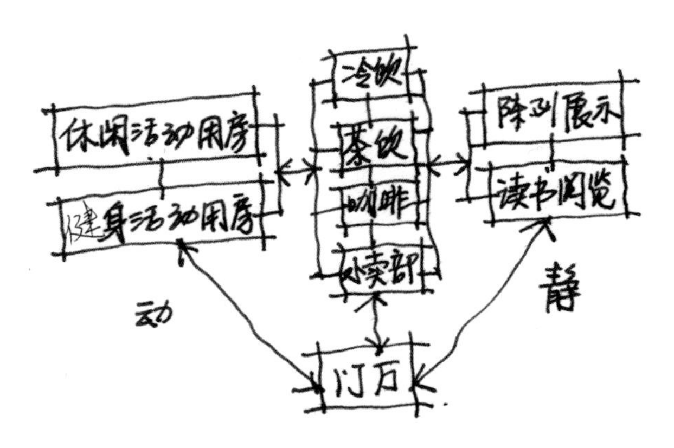

图3-45 功能泡泡图

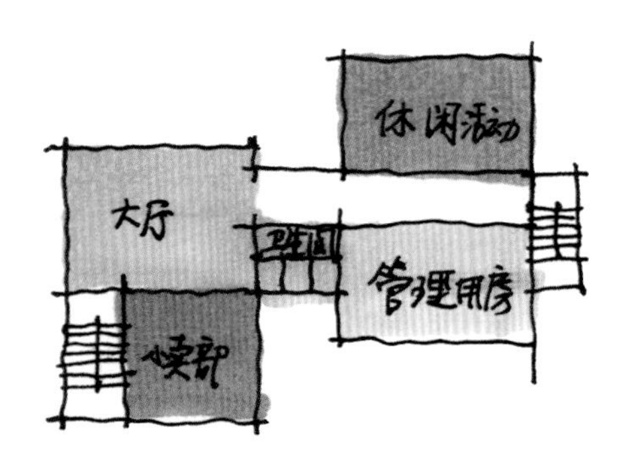

休闲活动
大厅
卫生间
管理用房
小卖部

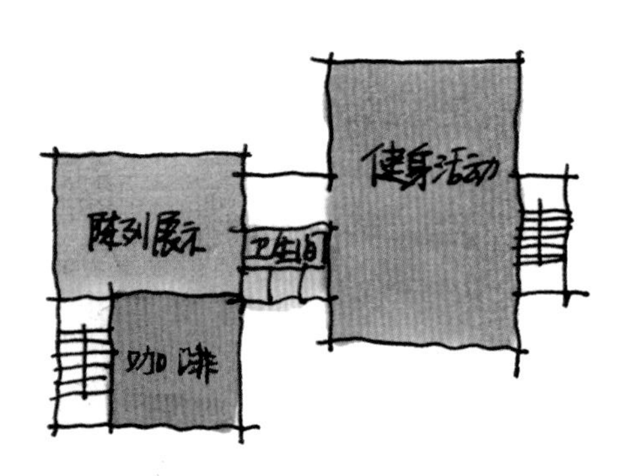

健身活动
陈列展示
卫生间
咖啡

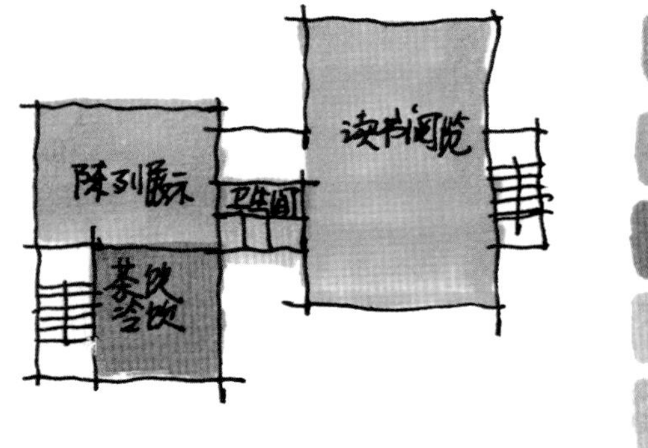

读书阅览
陈列展示
卫生间
茶饮

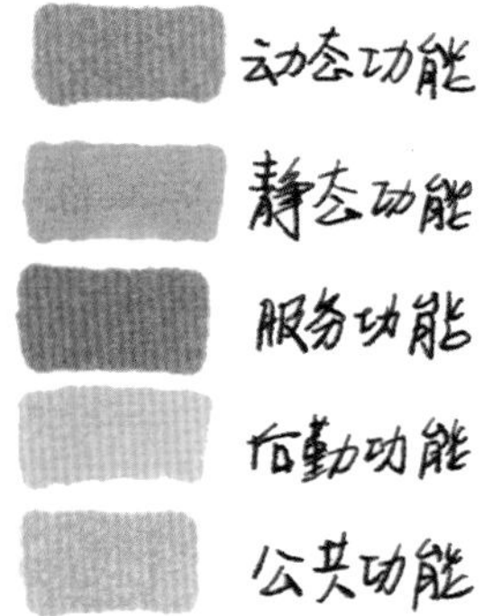

动态功能
静态功能
服务功能
后勤功能
公共功能

图3-46 平面布局

2.交通流线

（1）场地交通

场地内车流和人流的走向，有序地协调场地内各种交通流线之间的关系。（图3-47）

（2）消防疏散

建筑内部疏散路线，目的是保证人们在紧急状态下安全疏散。（图3-48）

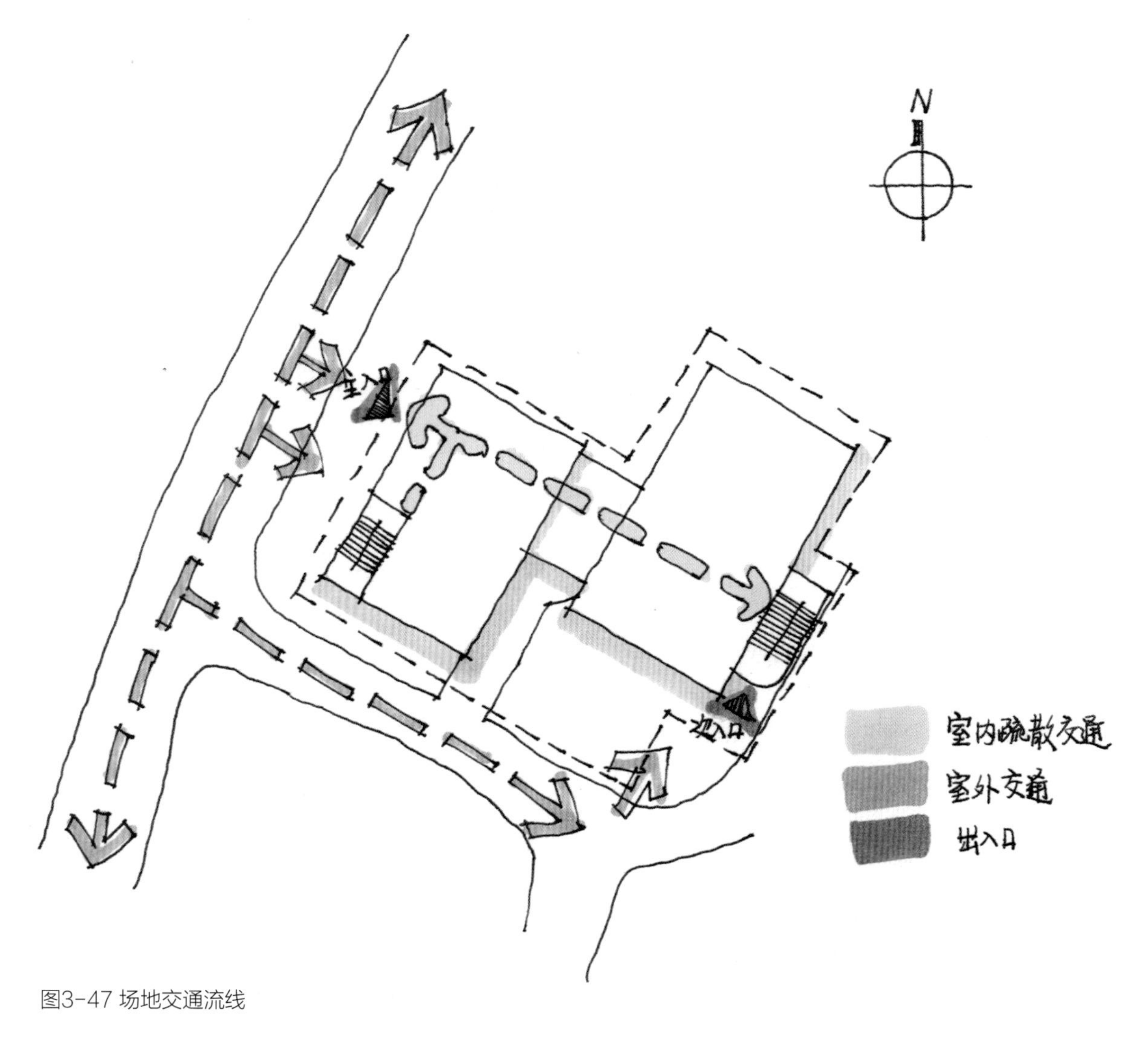

图3-47 场地交通流线

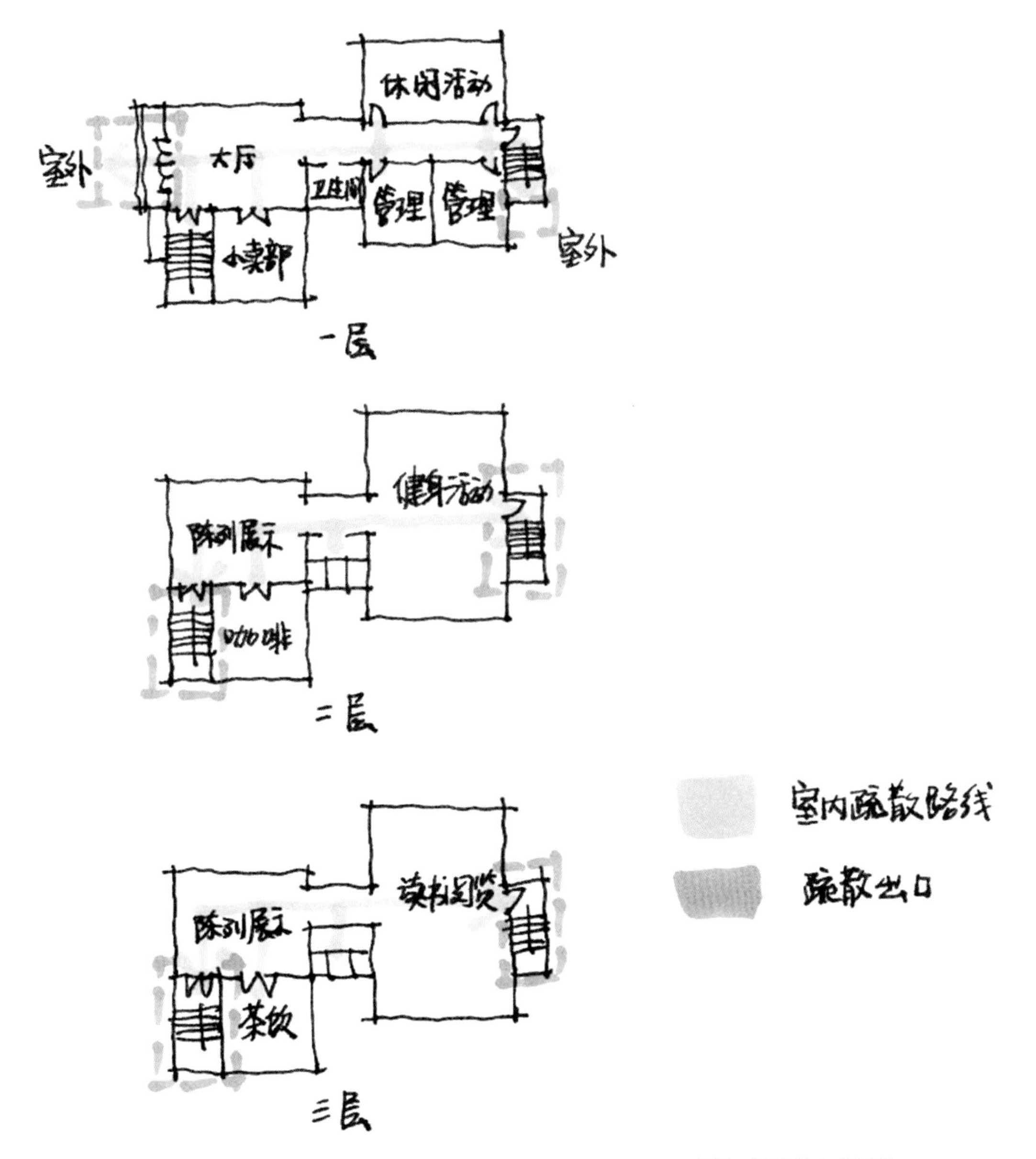
休闲活动
室外
大厅
卫生间
管理
管理
小卖部
室外
一层
健身活动
陈列展示
咖啡
二层
室内疏散路线
疏散出口
读书阅览
陈列展示
茶饮
三层

图3-48建筑内部疏散

（3）室内交通

建筑室内交通分布设计合理，形成便捷舒适的交通系统。（图3-49）

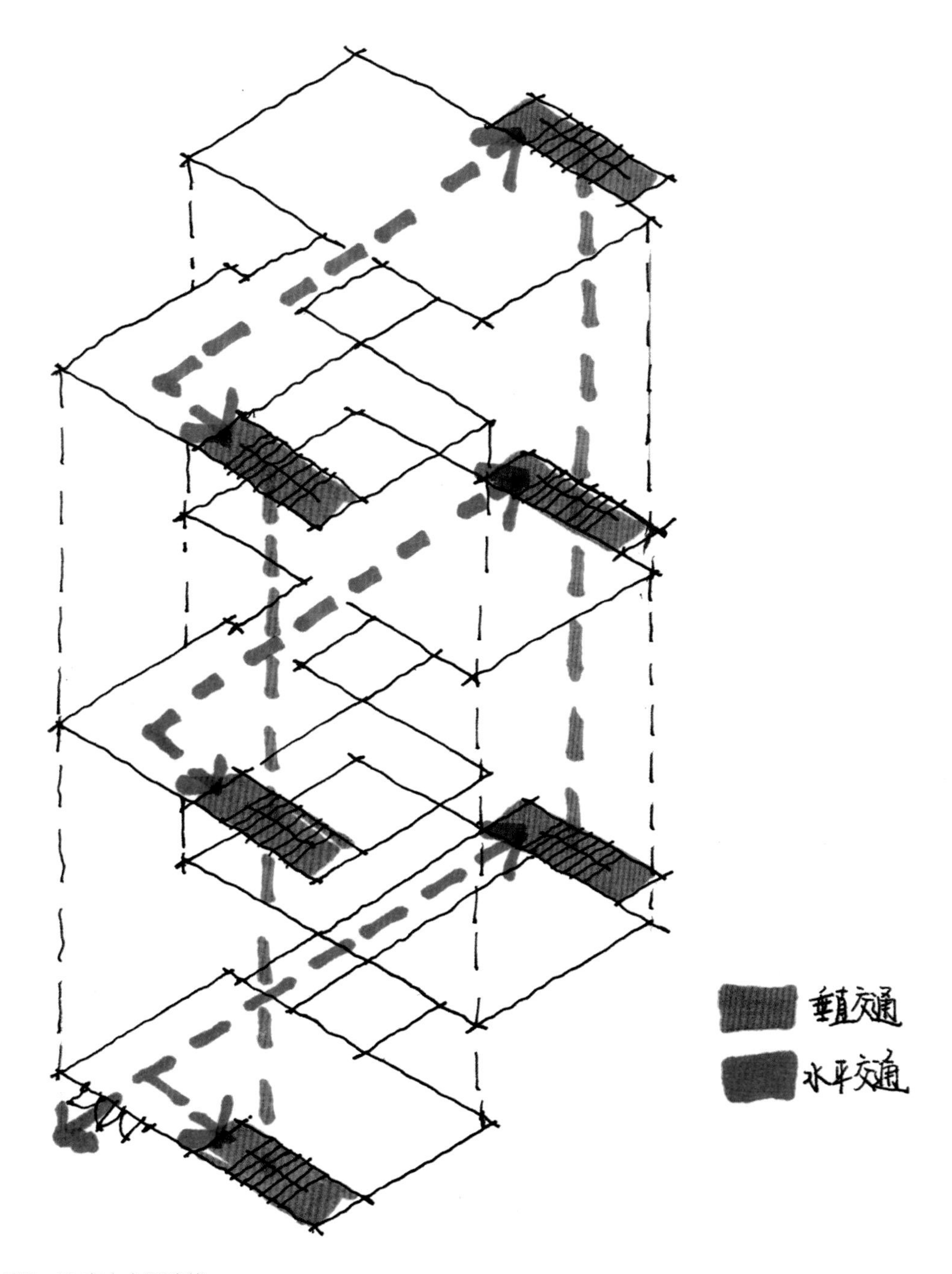

图3-49 室内交通流线

三、平面图

平面图是表达建筑的平面形状、房间的布置及其交通联系，以及墙、柱、门窗的位置关系。

首层平面要表达各部分功能空间的分布、楼梯和卫生间的位置、主次入口空间，以及与室外环境的关系。（图3–50）

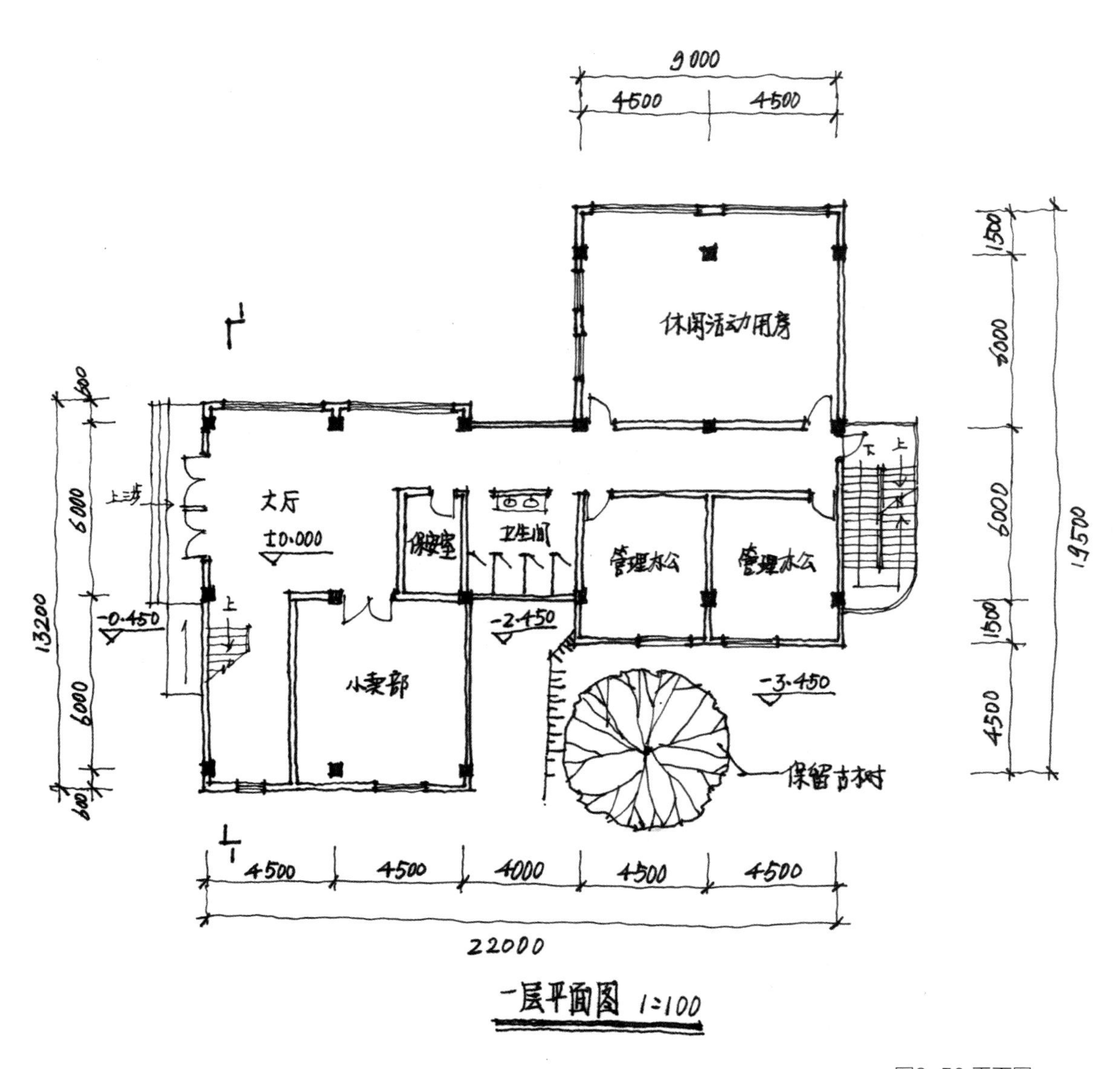

图3–50 平面图

其他层平面表达各部分功能空间的分布，注意与首层结构体系和楼梯卫生间的对应关系。

平面图中的线型是按照制图规范进行区分，让平面图有层次感。建筑平面图的线型按照国家标准规定，凡是墙、柱的剖面轮廓线宜用粗实线表示，门扇的开启示意线用中粗实线表示，其余可见投影线则用细实线表示。

平面配景表达应该分清主次关系，建筑平面图中建筑主体是重点，植物配景以简洁、概括的方式表达。（图3-51）

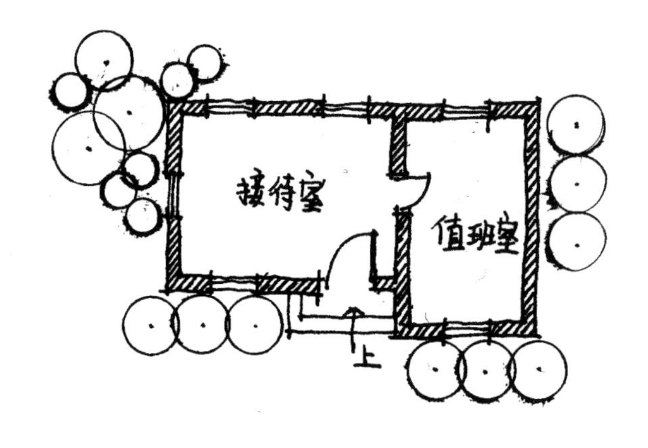

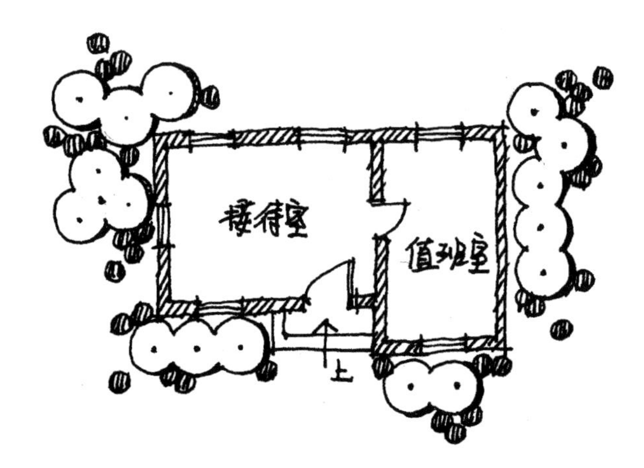

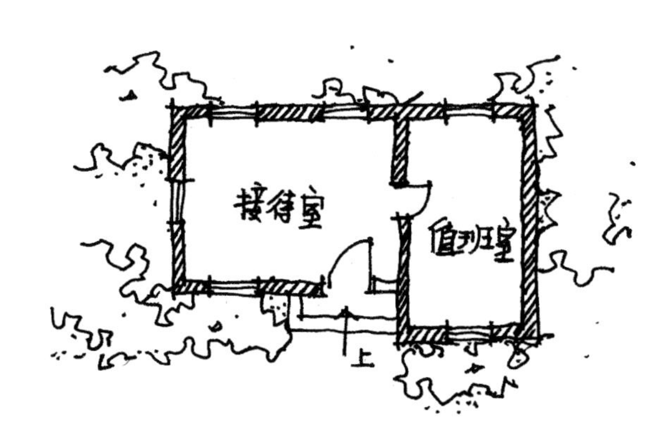

图3-51 平面配景

四、立面图

建筑立面图表达建筑物的外部造型，门窗、阳台以及其他构件在立面上的位置关系。（图3–52）

1.立面图材质搭配

建筑形态除了通过自身形体的相互关系塑造，也可以利用材质相互搭配来丰富。（图3–53）

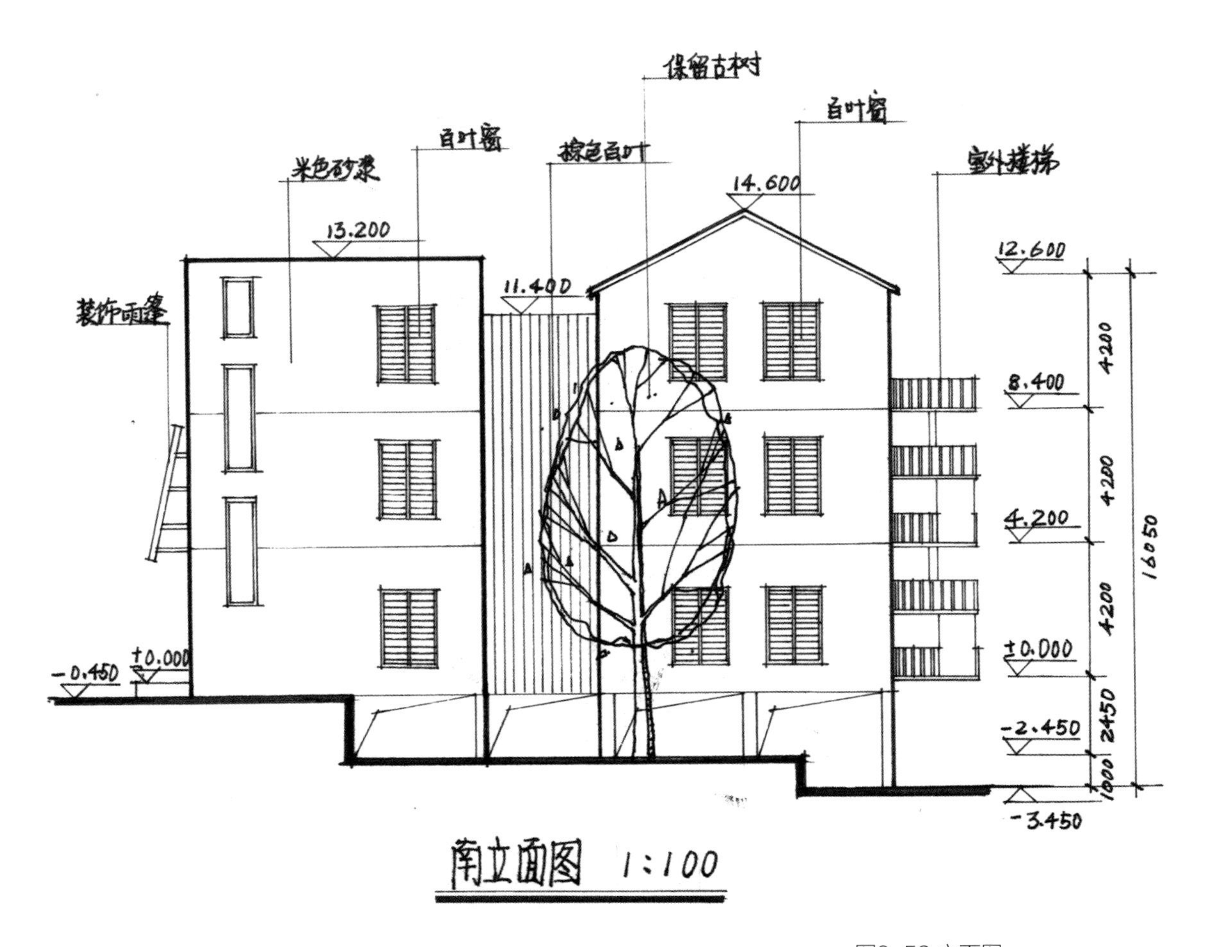

图3–52 立面图

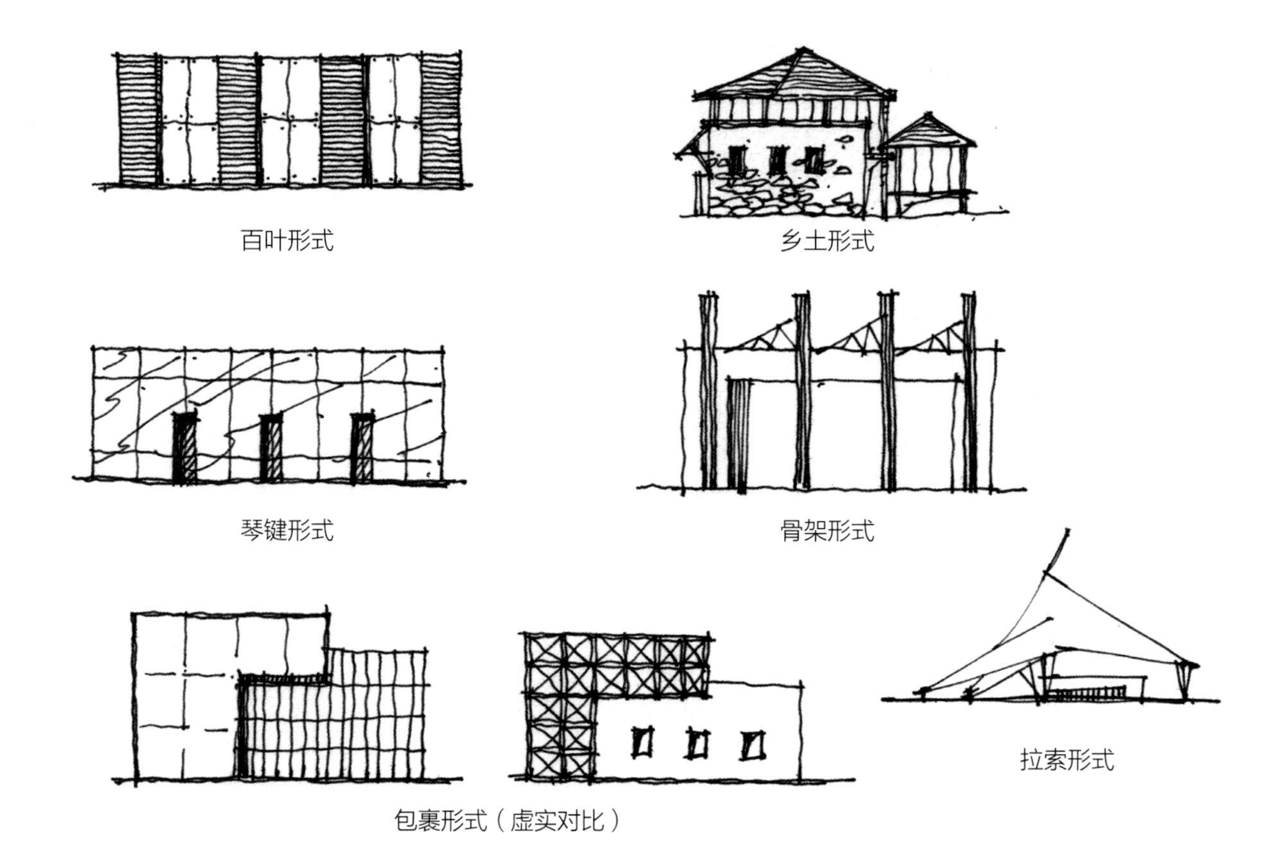

图3-53 立面材质形式

2.立面图的线型

为使立面图外形更清晰，通常用粗实线表示立面图的最外轮廓线，而凸出墙面的雨篷、阳台、柱子、窗台、台阶、花池等用中粗线表达，地平线用加粗线表达，其余如门、窗及墙面分格线等用细实线表达。

3.立面图的阴影

阴影对于表现建筑形象起着十分重要的作用，能让立面图更有空间感。（图3-54、图3-55）

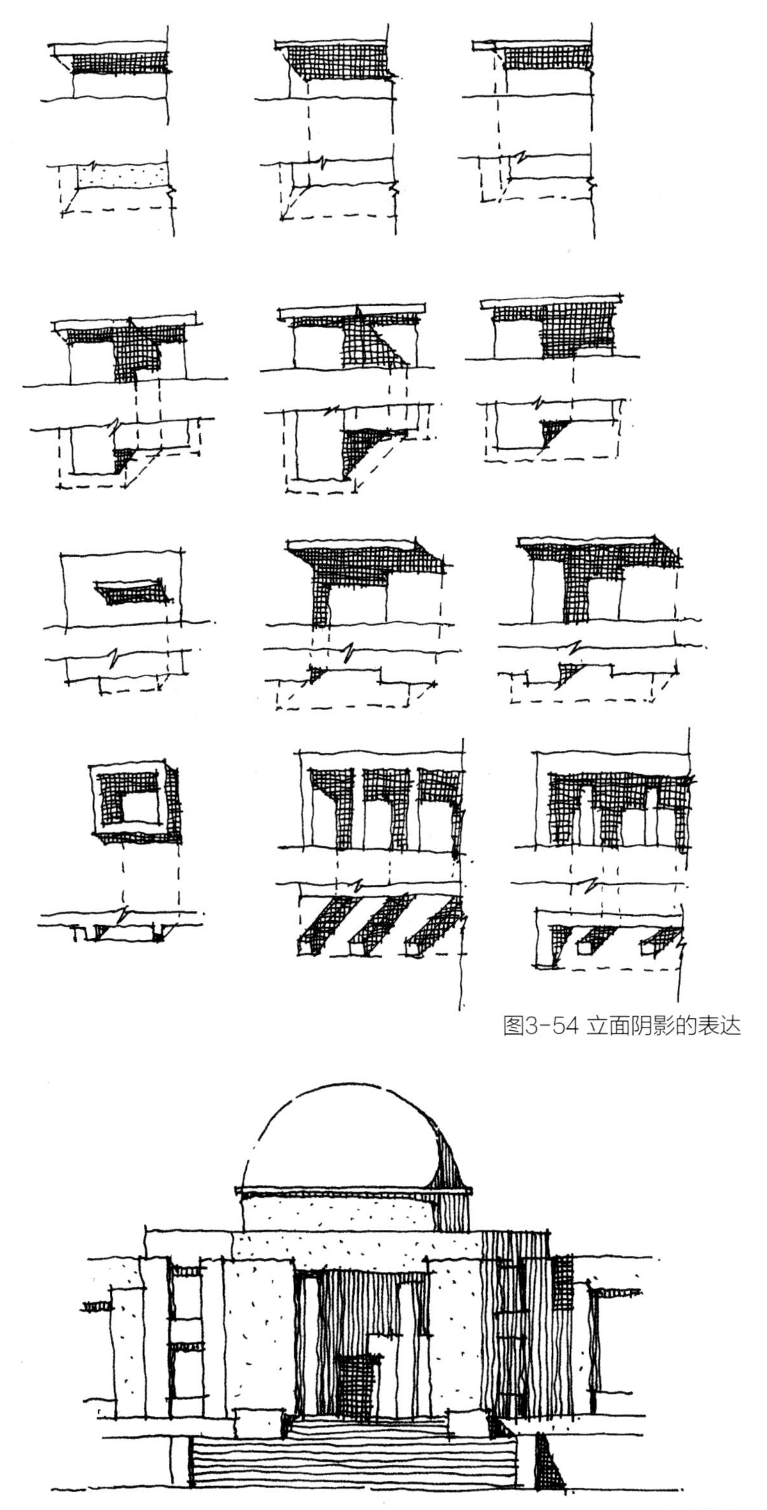

图3-54 立面阴影的表达

图3-55 立面阴影的表达

4.立面配景表达

立面植物的选择可以根据建筑的特征来决定，让植物与建筑相匹配。（图3-56）

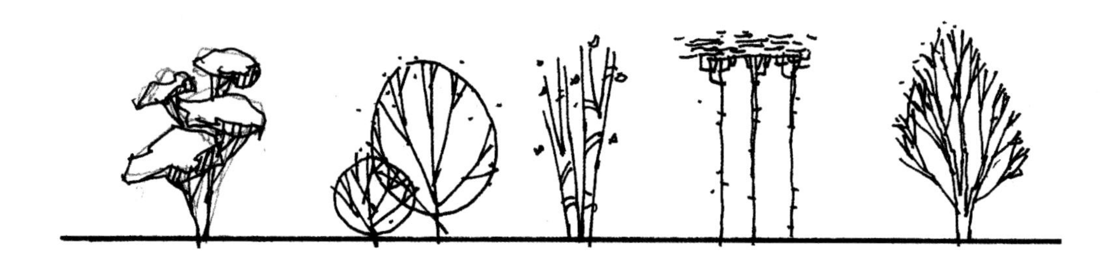

图3-56 立面配景

五、剖面图

建筑剖面图表达建筑内部的结构体系，以及内部交通的联系。

剖面图的表达要注意剖切位置关系，以及剖线与看线的线型变化。（图3–57）

六、透视效果图

透视效果图是把二维的设计图纸用三维的方式表达出来，展现设计的整体效果。

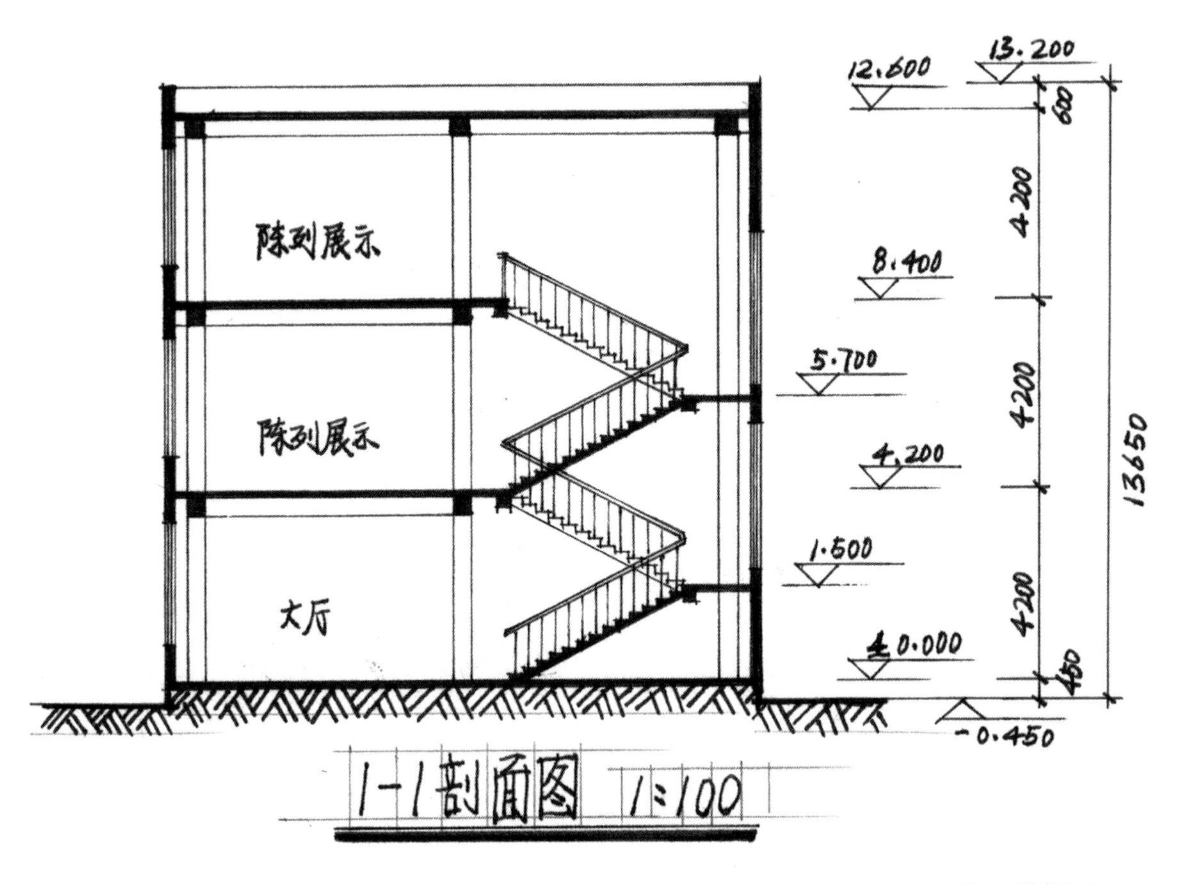

图3–57 剖面图

1.透视原理

透视是画面中物体空间布置的依据。透视通常会让人感到“畏惧”，究其原因，透视属于自然科学，需要通过科学严谨的几何方法计算出来，步骤繁琐，所以让人望而却步。其实只要把透视的原理和特点理解到位，灵活运用到画透视图的过程中，就能在画面中建立一个合理准确的透视构架，更好地把握画面。

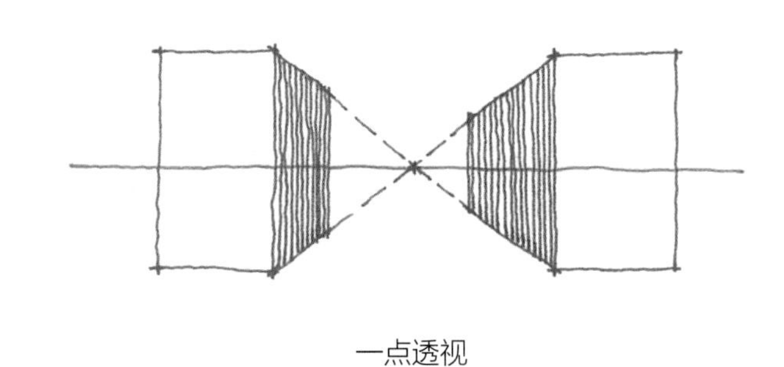

一点透视

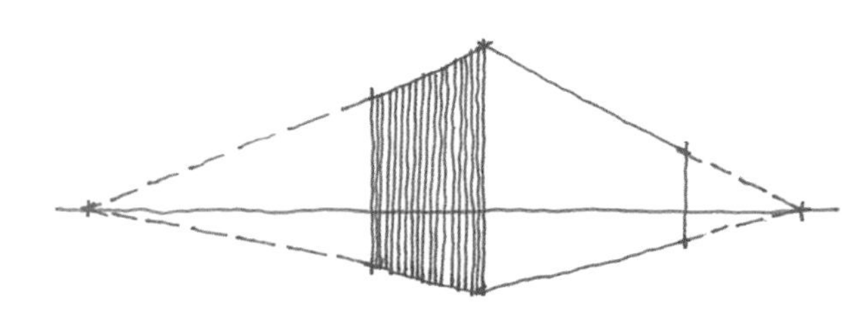

两点透视

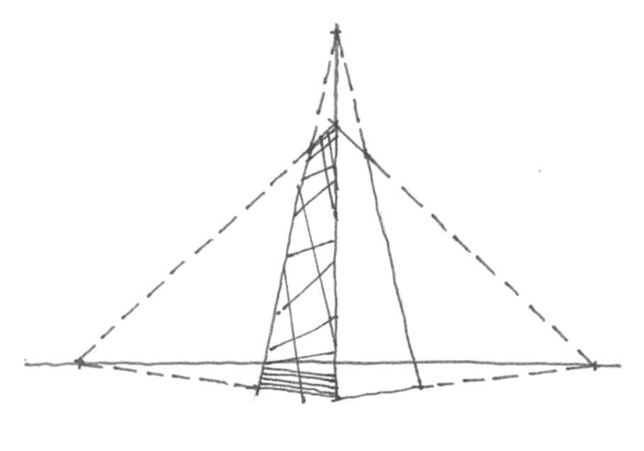

三点透视

图3-58 透视的分类

2.透视的分类（图3-58）

（1）一点透视

有一个立面平行于画面，只有1个灭点，透视图显得整齐、平展、稳定、有深远感。

（2）两点透视

所有立面都与画面有一定角度，有两个灭点，图面效果生动、立体感强。

（3）三点透视

形体的立面都与画面倾斜成一定角度，有三个灭点，画面变形严重，常用来表现高层建筑。

3.透视的规律

近大远小、近高远低、近疏远密、近宽远窄。（图3–59）

4.透视的运用

（1）视平线的选择

视平线在画面中的位置对透视效果有着决定作用，所以视平线位置要有合适的选择。（图3–60）

图3–59 透视的规律

一点透视

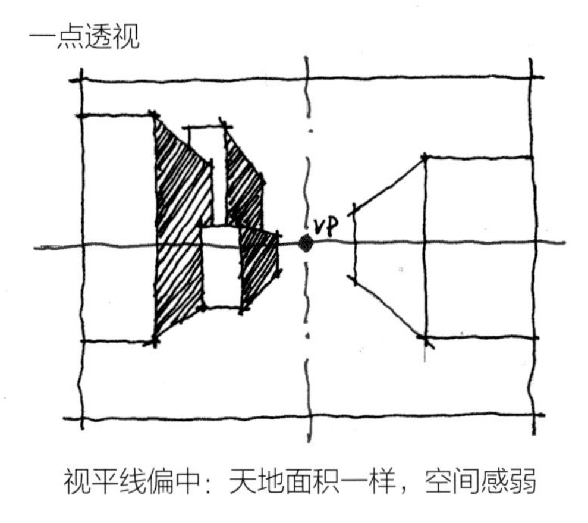

视平线偏中：天地面积一样，空间感弱

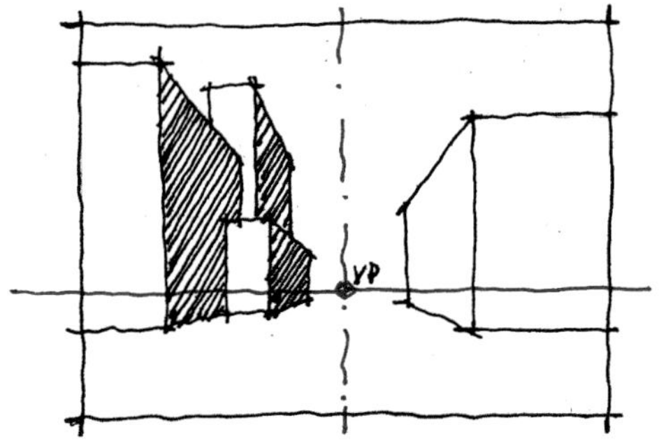

视平线偏低：天际线丰富，空间感强

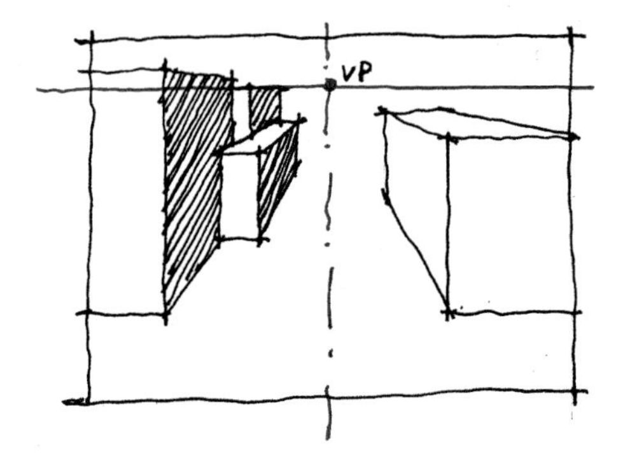

视平线偏高：天空堵，空间感很弱

两点透视

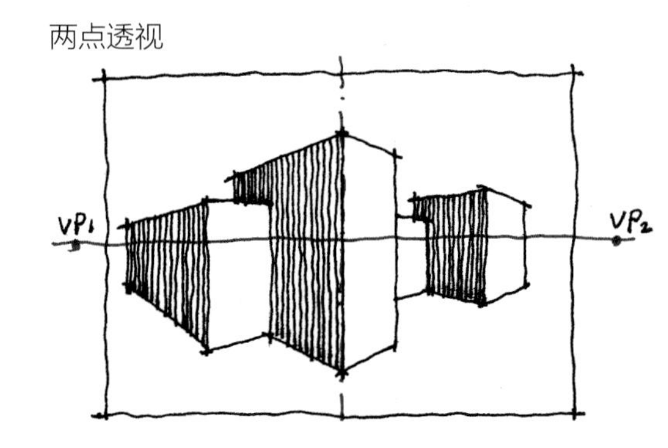

视平线偏中：天地面积一样，空间感弱

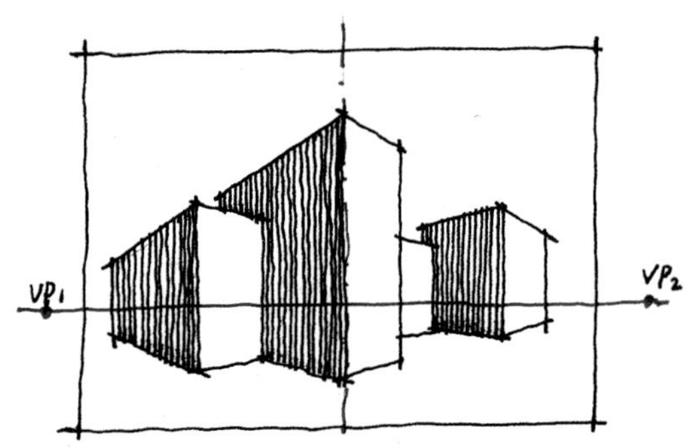

视平线偏低：天际线丰富，空间感强

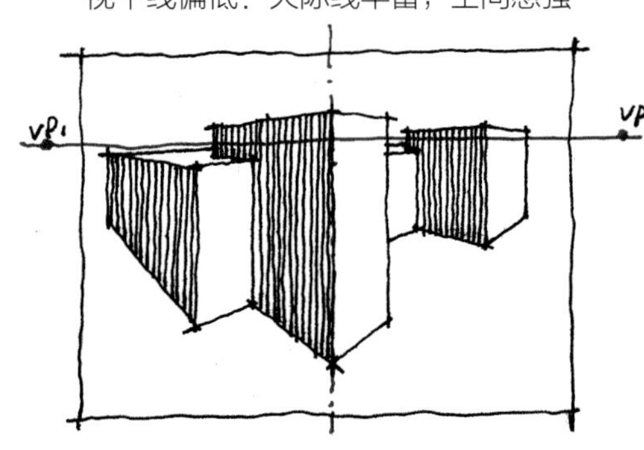

视平线偏高：天空堵，空间感很弱

图3-60 视平线的位置关系

（2）灭点的选择

在一点透视中，灭点位置的选择会让画面左右的物体表现力度产生差别。（图3-61）

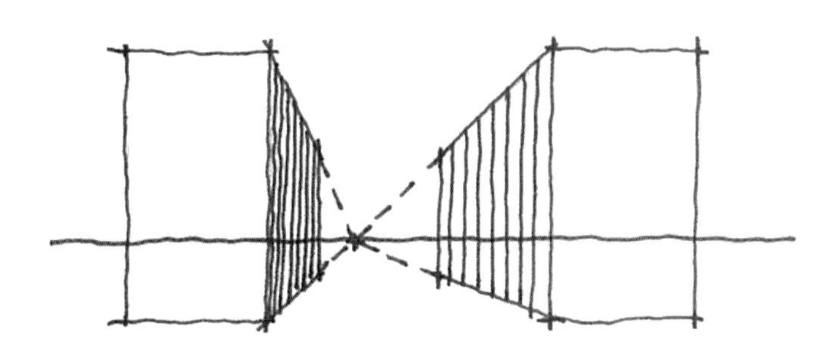

灭点偏左：右边物体重点表现

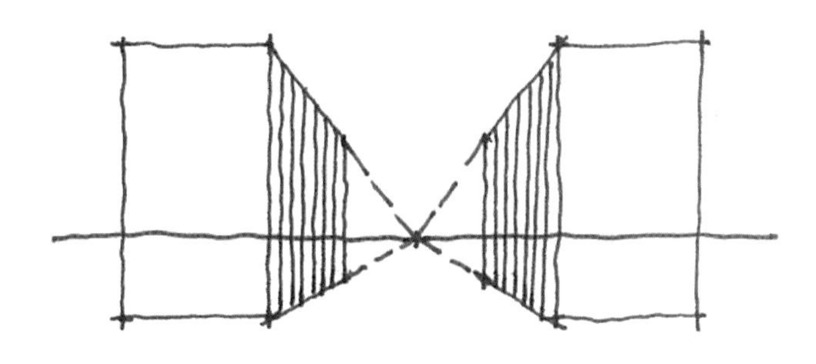

灭点居中：左右物体平衡

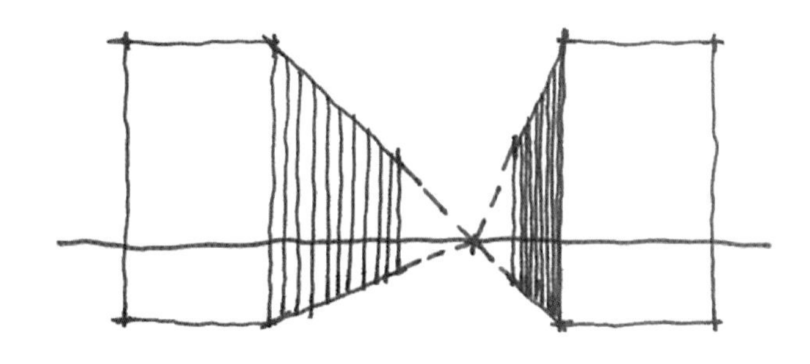

灭点偏右：左边物体重点表现

图3-61 一点透视灭点位置

两点透视灭点在视平线上的距离影响着物体的透视效果。（图3-62）

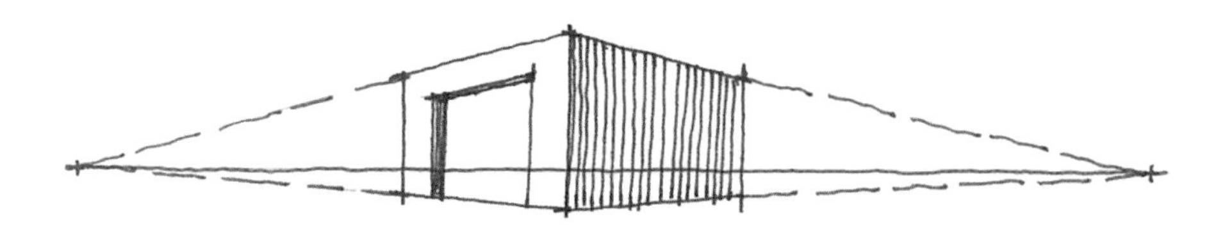

两灭点距离远：物体距离过远，不利于表现细节

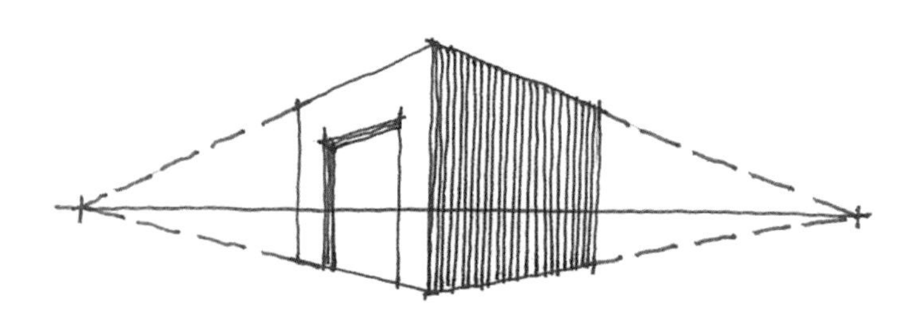

两灭点距离适中：物体距离适中，透视效果好

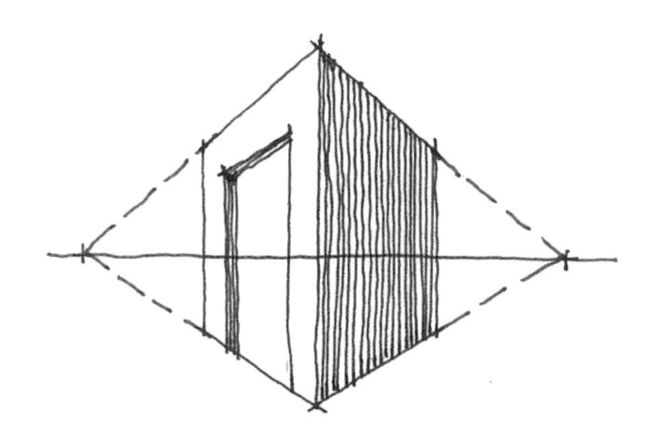

两灭点距离近：物体距离太近，透视变形大

图3-62 两点透视灭点位置

（3）方位角的选择

不同方位角度的选择，相当于从不同角度看建筑，得到不同的透视形象。（图3-63）

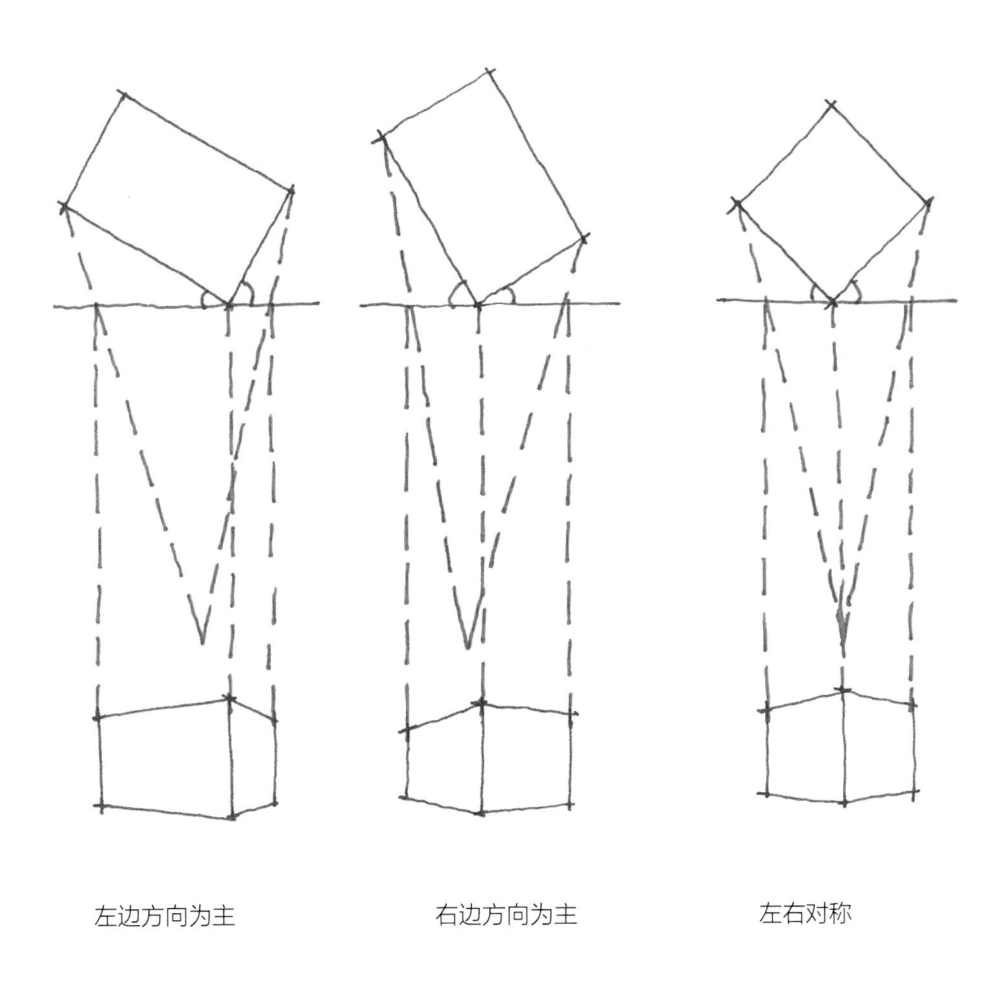

图3-63 方位角选择

七、轴测图

用轴测投影的方法画出来的富有立体感的图形，既能展现建筑的形体效果，又能从三维的角度了解建筑内部的空间布局。（图3-64）

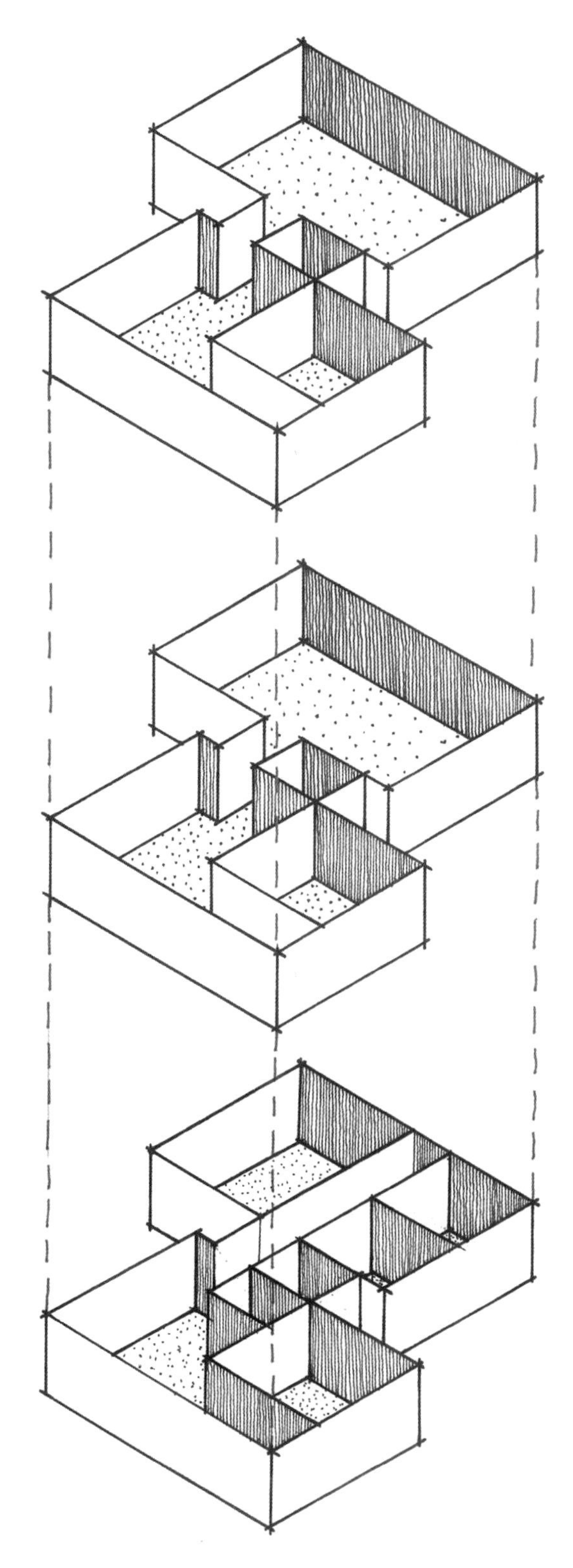

图3-64 利用轴测图表达建筑空间布局

八、鸟瞰图

鸟瞰图是根据透视原理用高视点透视法从高处某一点俯视地面起伏绘制成的立体图。它既能表现出建筑体的空间效果，又能体现建筑体在平面中的布局关系。（图3-65）

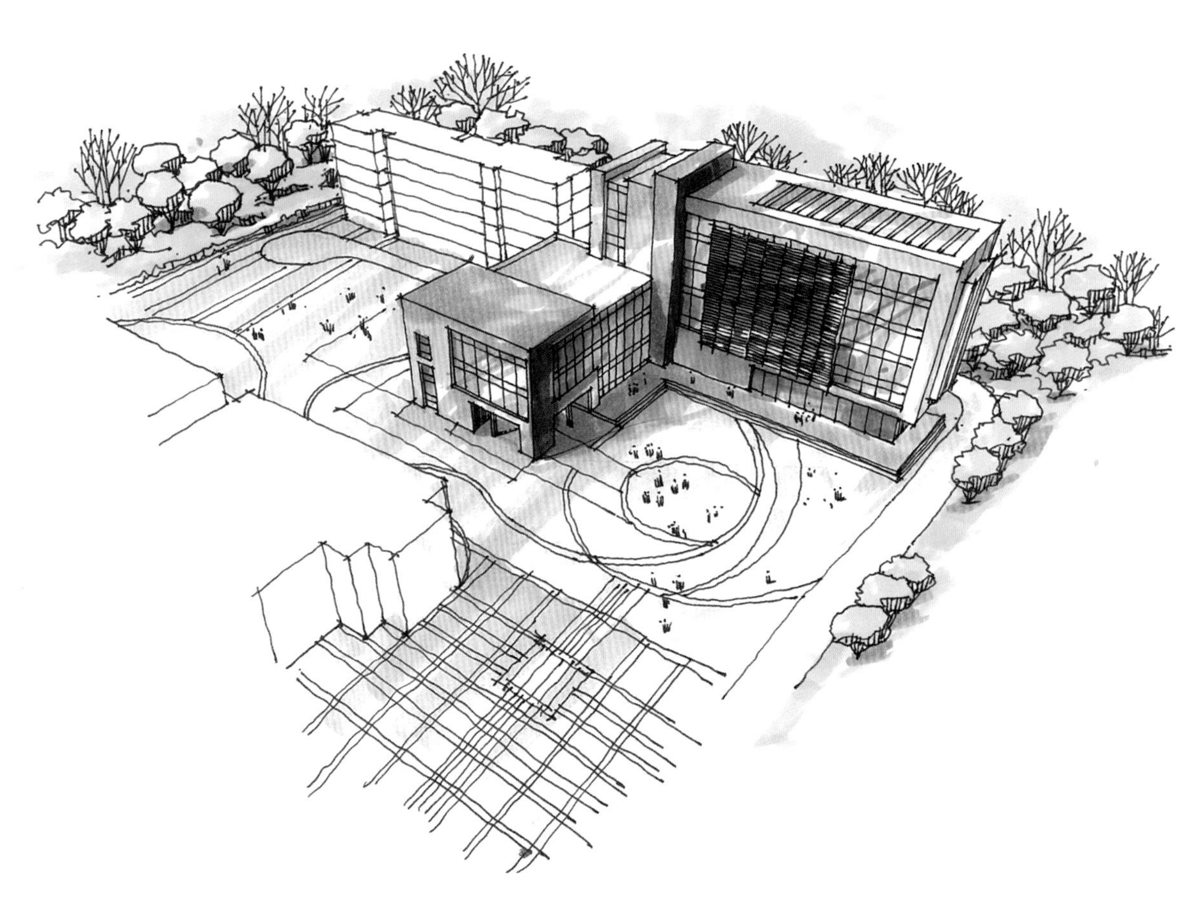

图3-65 鸟瞰图

九、文字说明

文字是快题设计中一个不可缺少的组成部分，包括标题、图名、设计说明、技术指标、标注等，文字没有写好或安排不当都会影响整个图面的质量。（图3-66）

1.设计标题

选择一种或几种常用的字体风格，不要使用太过于个性化的字体。要求字体方正、形象突出、比例协调，注重与整个图面的风格统一。（图3-67）

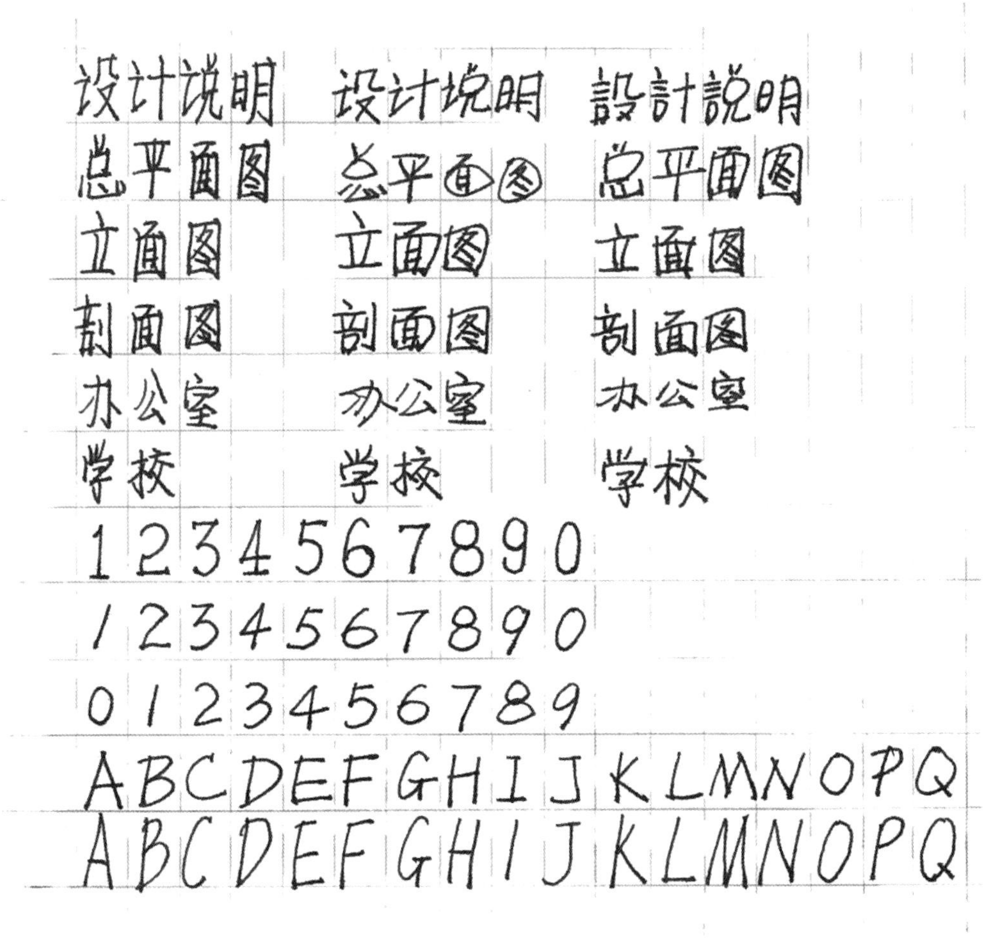

图3-66 文字样式参考

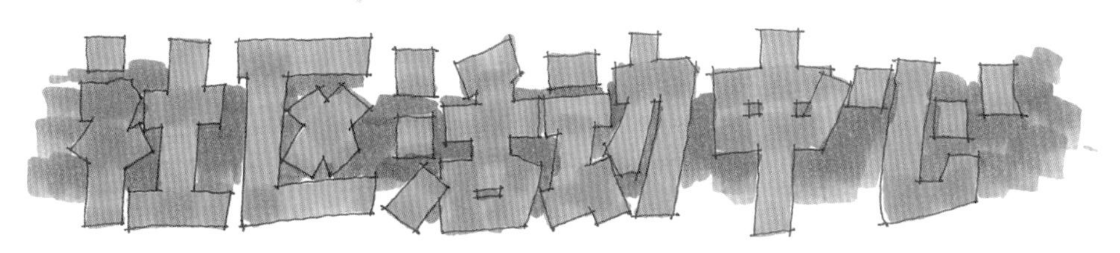

图3-67 设计标题参考

2.图名

图名要和图纸相对应，书写时字体要清晰明了，同时要符合制图的标准。（图3–68）

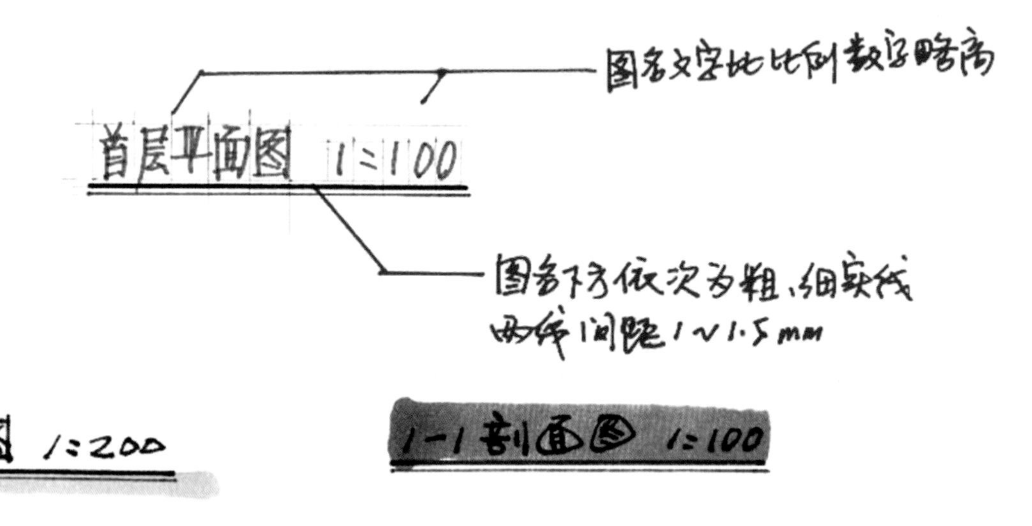

图3–68 图名规格和参考

3.设计说明

设计说明是对整个设计的阐述，内容要有概括性，书写时字体工整、字迹清楚、排版恰当。（图3–69）

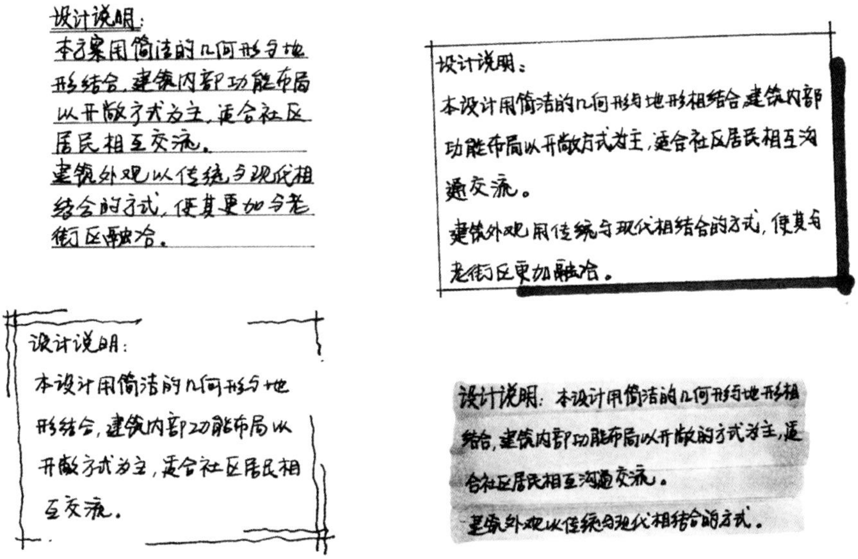

图3–69 设计说明的版式参考

4.技术指标

设计中相关的经济技术指标要表达清楚，如建筑面积、建筑容积率等，文字和数字都要清晰、工整。（图3–70）

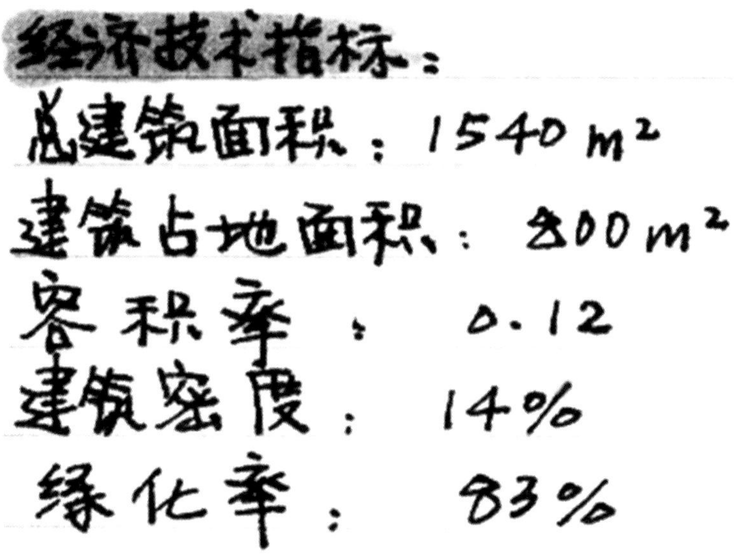

图3–70 常用建筑技术指标

5.标注

设计中的标注，如标高、尺寸等，标注的文字和数字要清晰、工整，并且要符合制图的标准。（图3-71、图3-72）

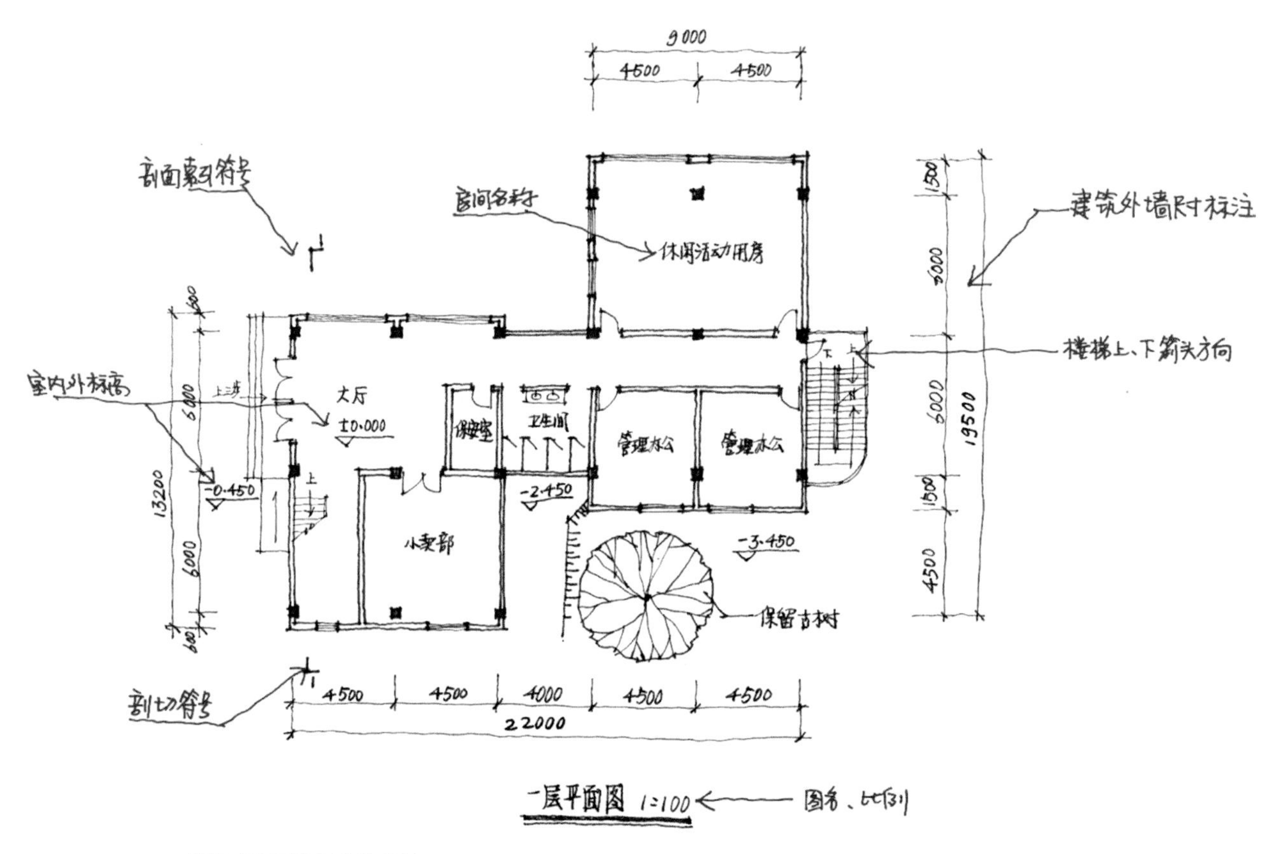

图3-71 平面图中的标注

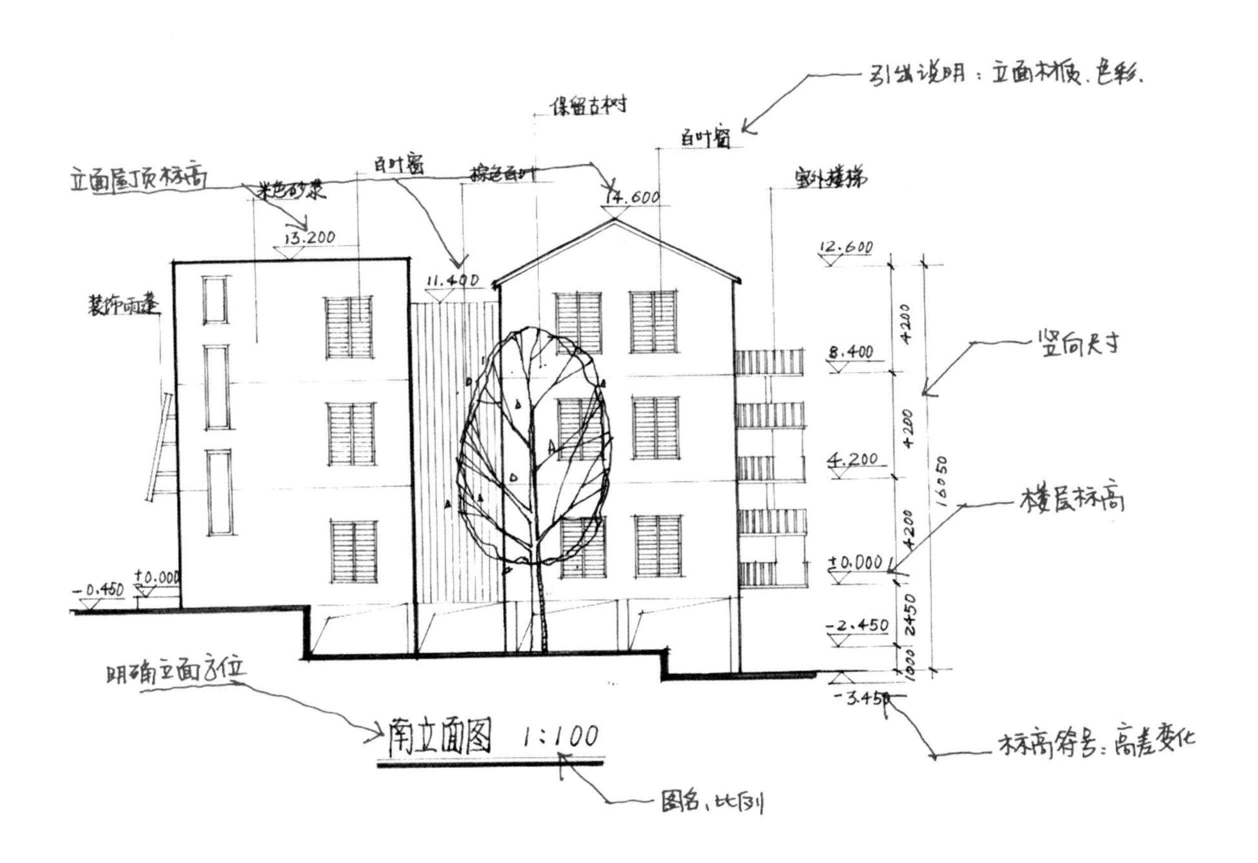

图3-72 立面图中的标注

第四章 建筑快题设计表现技法

建筑快题设计需要设计人员在有限的时间内，高效地完成设计成果的表达，所以需要好好掌握手绘表现技法，并能熟练灵活地运用。

第一节 线条表现技法

线条是画面中的“灵魂”，设计者的构思都通过线条在图面上得到表达。建筑快题设计中的线条的风格是多样的，可以是尺规作图的风格，也可以是徒手作图的风格，也可以两者结合。

一、徒手线条

即不借用尺规工具绘制的线条。纯手绘的线条柔和、生动、富有创造性。（图4-1）

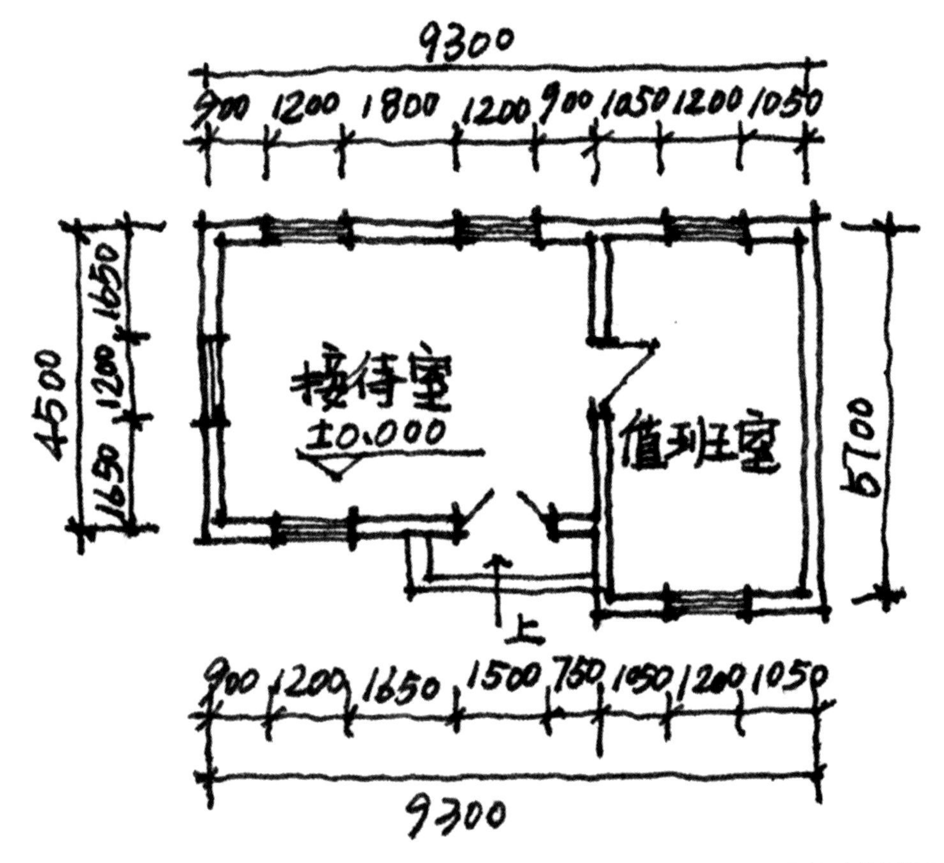

图4-1 徒手线条表现

徒手线条表现又分为快线和慢线。快线的线条表达要刚硬、有张力和干脆（图4–2）；慢线的线条表达要柔美、稳定和内敛（图4–3）。

二、尺规线条

即利用工具作图，其线条严谨、工整、规范，图面清晰鲜明、均匀、准确。（图4–4）

三、两种线条结合

如果一张图全部采用尺规线条作图，反而会使画面失掉生动感，显得呆板。所以建议在快题考试时，采用尺规线条和徒手线条相结合的方式作图。

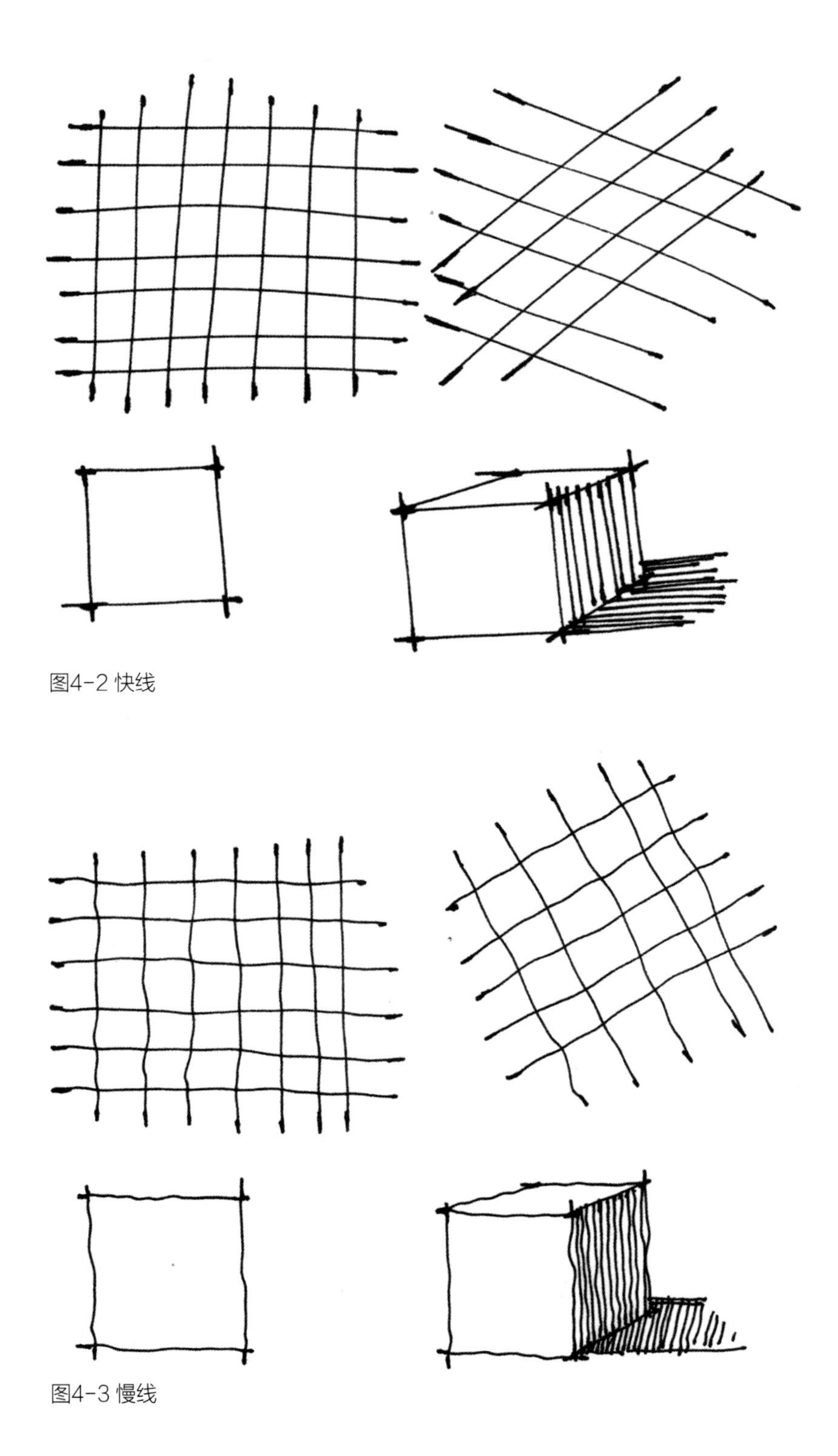

图4-2 快线

图4-3 慢线

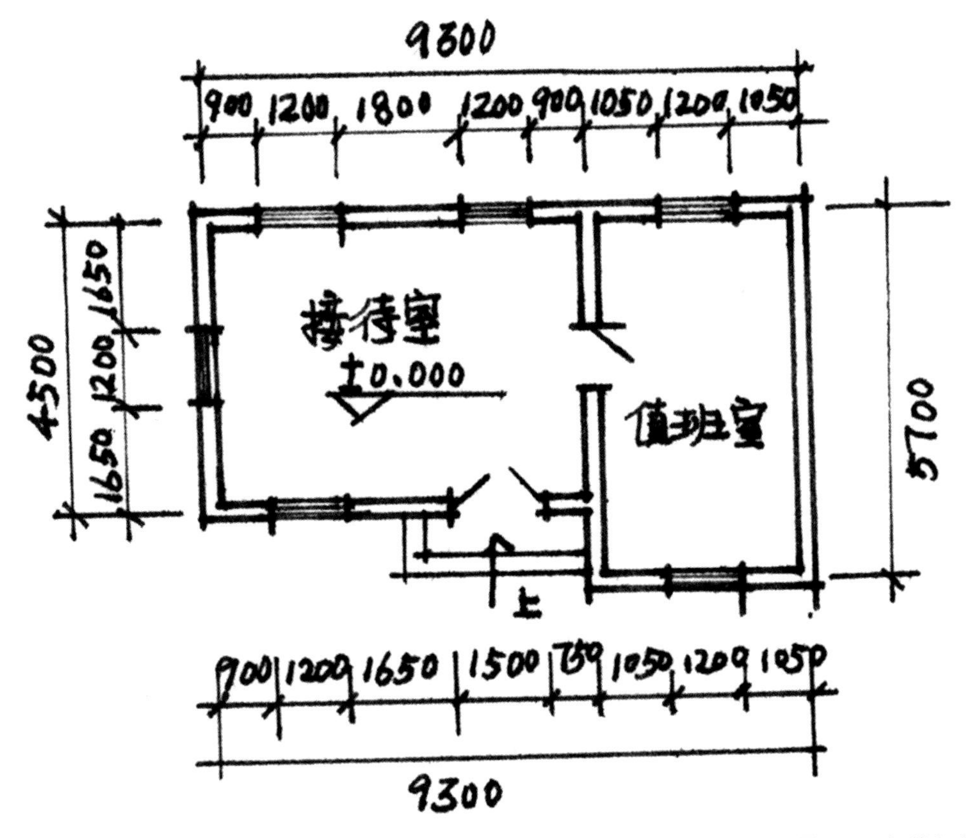

图4-4 尺规线条表现

四、线条的交接

两条线条相交时有交叉，会让所画的对象更方正、鲜明、完整，更具稳定性。（图4–5）

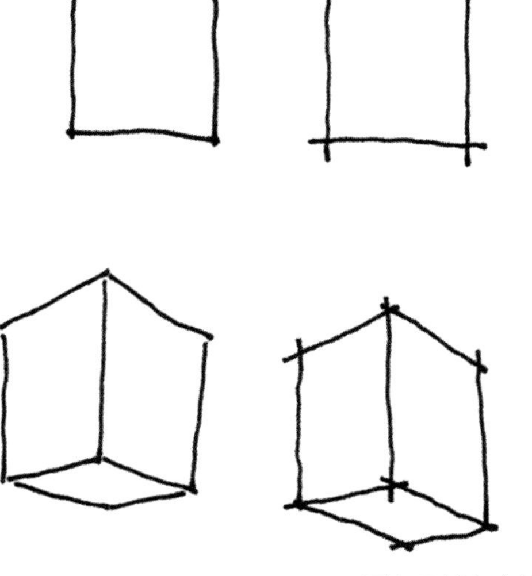

图4-5 线条交接

第二节 马克笔表现技法

一、马克笔特点

马克笔深受广大设计师的欢迎，是因为它具有使用方便快捷、色彩丰富稳定、笔触变化多样、造型能力强等特点。

二、马克笔用笔技巧

1.用笔方向

马克笔笔头带有切面，随着笔头的转动会画出粗细不一的笔触。用笔时，笔头要与纸面完全接触，用笔须干脆，避免中途停顿。（图4-6）

建筑形体都是由各种几何体组合而成的，用马克笔表现时，用笔方向要根据这些形体的结构走向而变化。（图4-7）

图4-6 马克笔笔触

图4-7 马克笔用笔的结构走向

形体边界的笔触尽量保持统一，强调建筑形体的结构稳定。（图4-8）

2.退晕效果

用笔过程中产生一定的退晕效果来体现虚实变化，可以让画面有透气感，突出建筑形体的空间感和光影感。（图4-9）

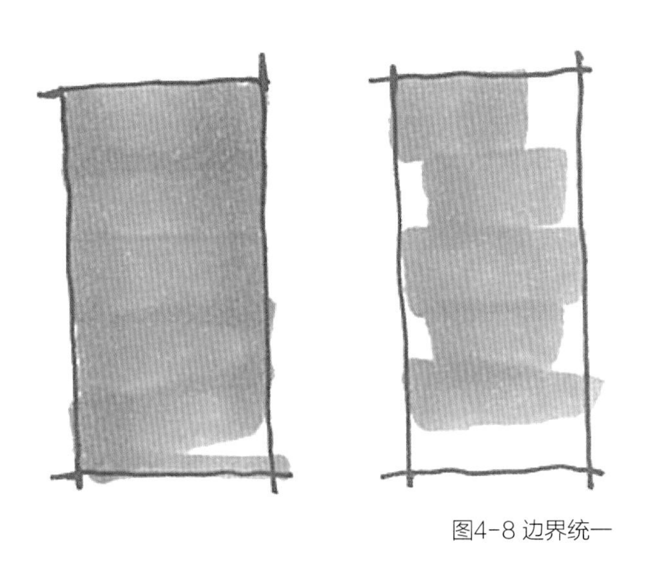

图4-8 边界统一

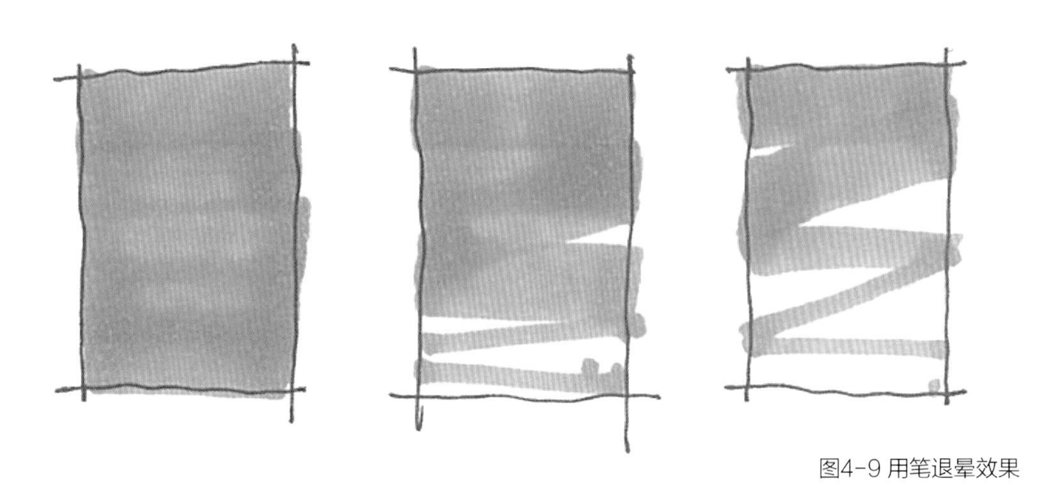

图4-9 用笔退晕效果

3.笔触变化

马克笔笔触不能太单一，丰富的笔触变化可以更好地表现不同的材质和特点。（图4-10）

图4-10 笔触变化

第三节 彩铅表现技法

一、彩铅的特点

彩色铅笔通常选用水溶性彩铅，它的色彩丰富细腻，便于携带，容易掌握，笔尖的细小能表现出质感和细节，与马克笔结合使用能弥补其在色调渐变和肌理变化上的不足。

二、彩铅技法运用

1.用笔力度

利用用笔的力度强弱变化，能拉开画面色彩的明度对比，同时也让画面通过用笔的力度变化产生虚实变化，表现出空间感、光影感。（图4–11）

图4–11 用笔力度

2.色彩并置

单一的色彩会使画面比较单调、呆板，应利用色彩原理在固有色中加入同类色或对比色，让画面丰富。但是要保证物体固有色所占的分量，不能让附加色喧宾夺主。（图4–12）

3.笔触的肌理

彩铅多样的笔触使画面更加生动，塑造出不同的材质质感。（图4–13）

图4–12 色彩并置

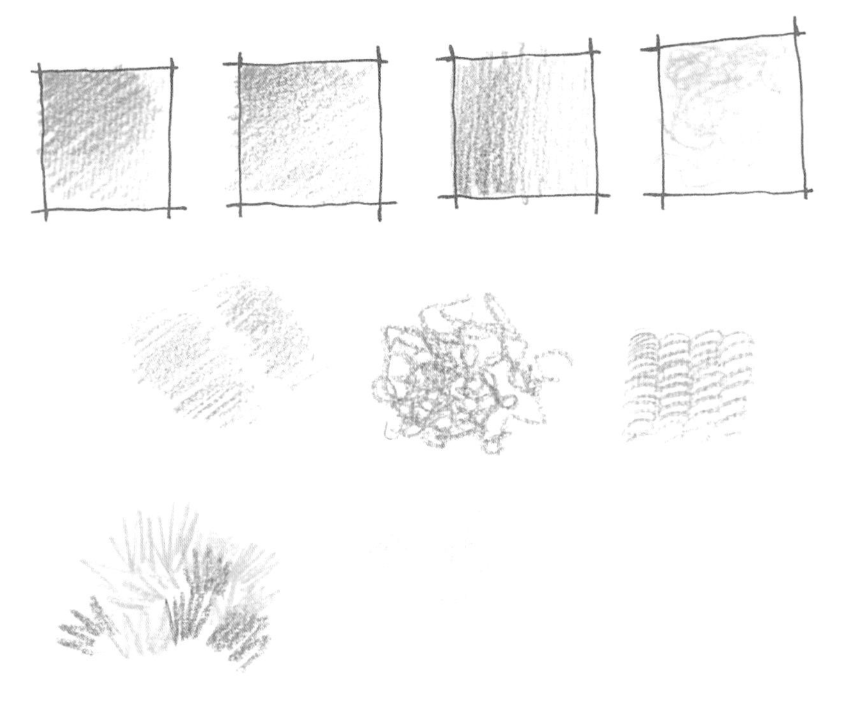

图4-13 笔触肌理

4.底稿层次

用彩铅表现时，由于彩铅颜色比较细腻，所以墨线稿要把黑白层次加重，才能表现出丰富的细节。（图4-14）

图4-14 底稿层次

第五章 建筑快题设计类型与案例分析

第一节 一般功能性建筑

一、小型别墅设计

1.小型别墅快题设计案例评语（图5-1）

优点：本张建筑快题作业，最大的特点就是图形完整。这从总平面图、各层平面图、三个主要立面图和透视图都反映出来了。手绘表现简洁明了，建筑尺度基本准确。

问题：作为别墅建筑的考试，建筑的功能合理配置与体量空间变化是重点。在形式感上显得有点平淡。可适当结合设计语言风格与环境的关系，再做推敲。另外，建筑的两个侧面图在尺度上的对应有误。

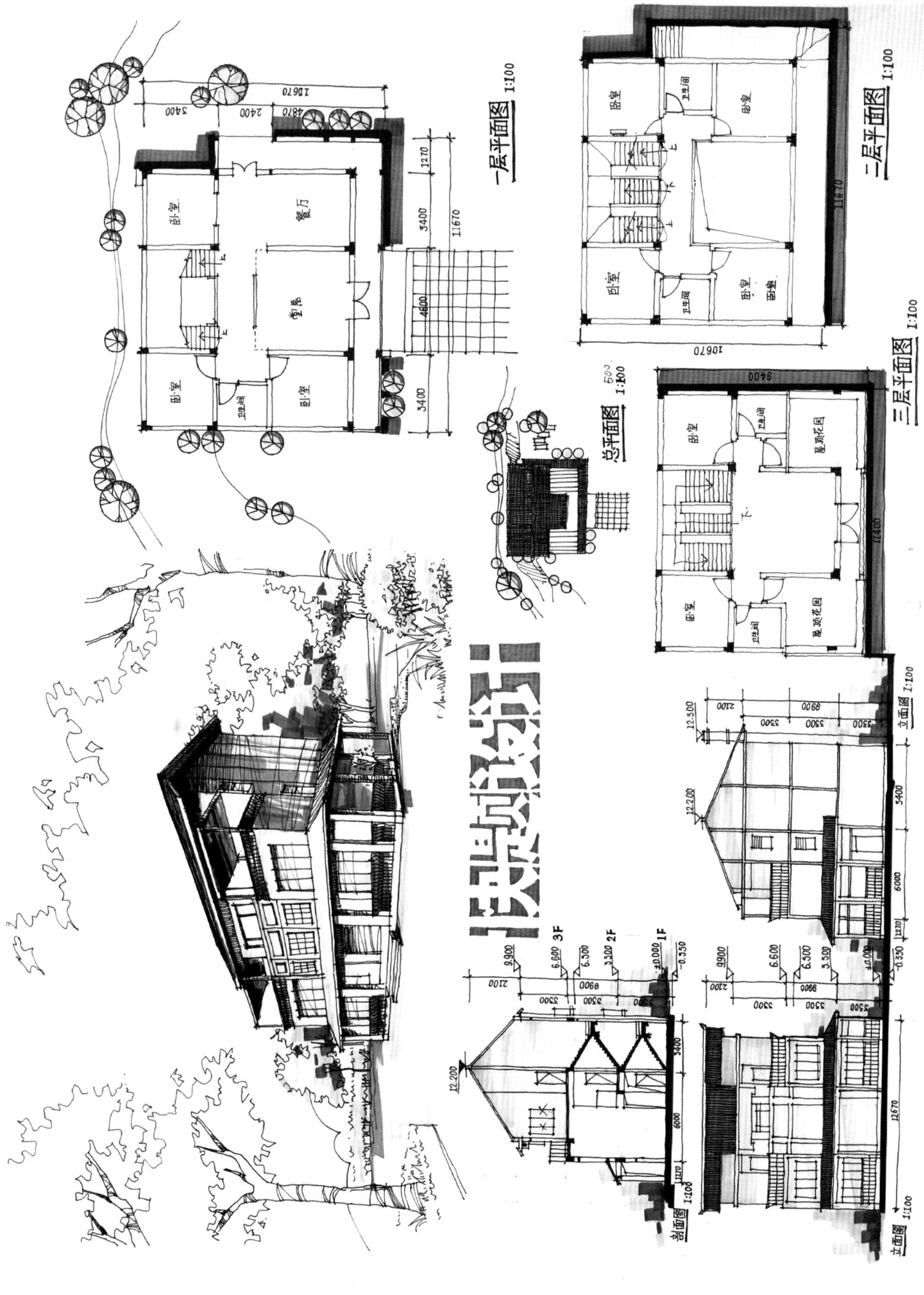

图5-1 小型别墅设计 王丽真

2.独栋别墅快题设计案例评语（图5-2）

优点：本张别墅建筑设计的最大特点是在建筑的语言风格上，建筑的文化属性得到彰显。手绘风格清新爽朗，特别是线条非常老练，构图也比较有创意。总之，整体上是一张上乘作品。

问题：总平面图可以再简化一些，而建筑各层平面图应该再放大一些，这样才能看清楚功能和流线的布局关系。

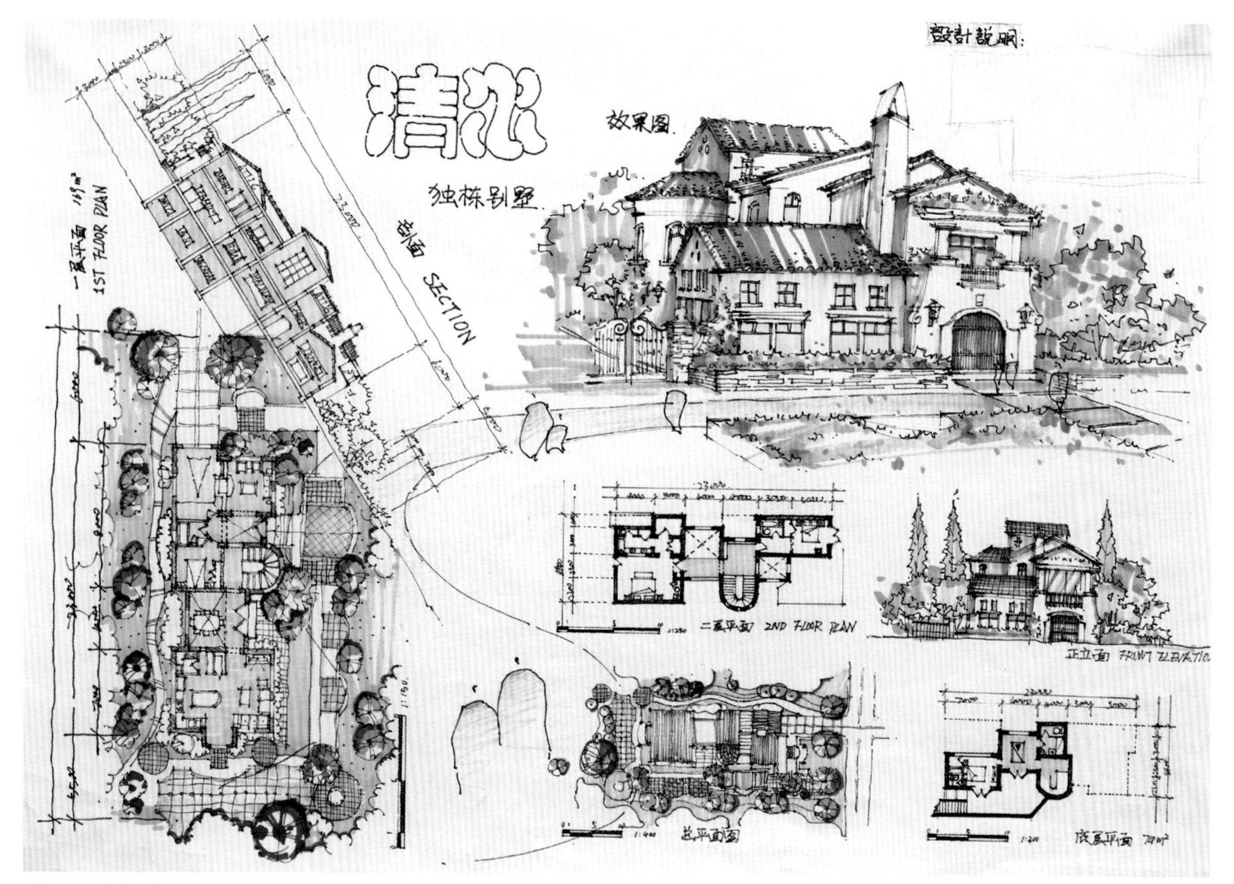

图5-2 独栋别墅设计 向俊

3.同堂别墅快题设计评语（图5-3）

优点：从传统民居建筑中汲取营养，建筑形态和庭院空间呈现出了良好的状态，组织空间很有序，功能使用也很恰当。整张图面素雅清新，构图新颖，手绘能力比较好。

问题：一般屋顶平面图是属于总平面图的任务范畴。本图的屋顶平面图过于简单，需要补充建筑入口、场地标高、设计标高、楼层数、比例等重要的要素。另外，一层平面图也缺少设计标高，如果是正式考试，这样的错误是不允许的。

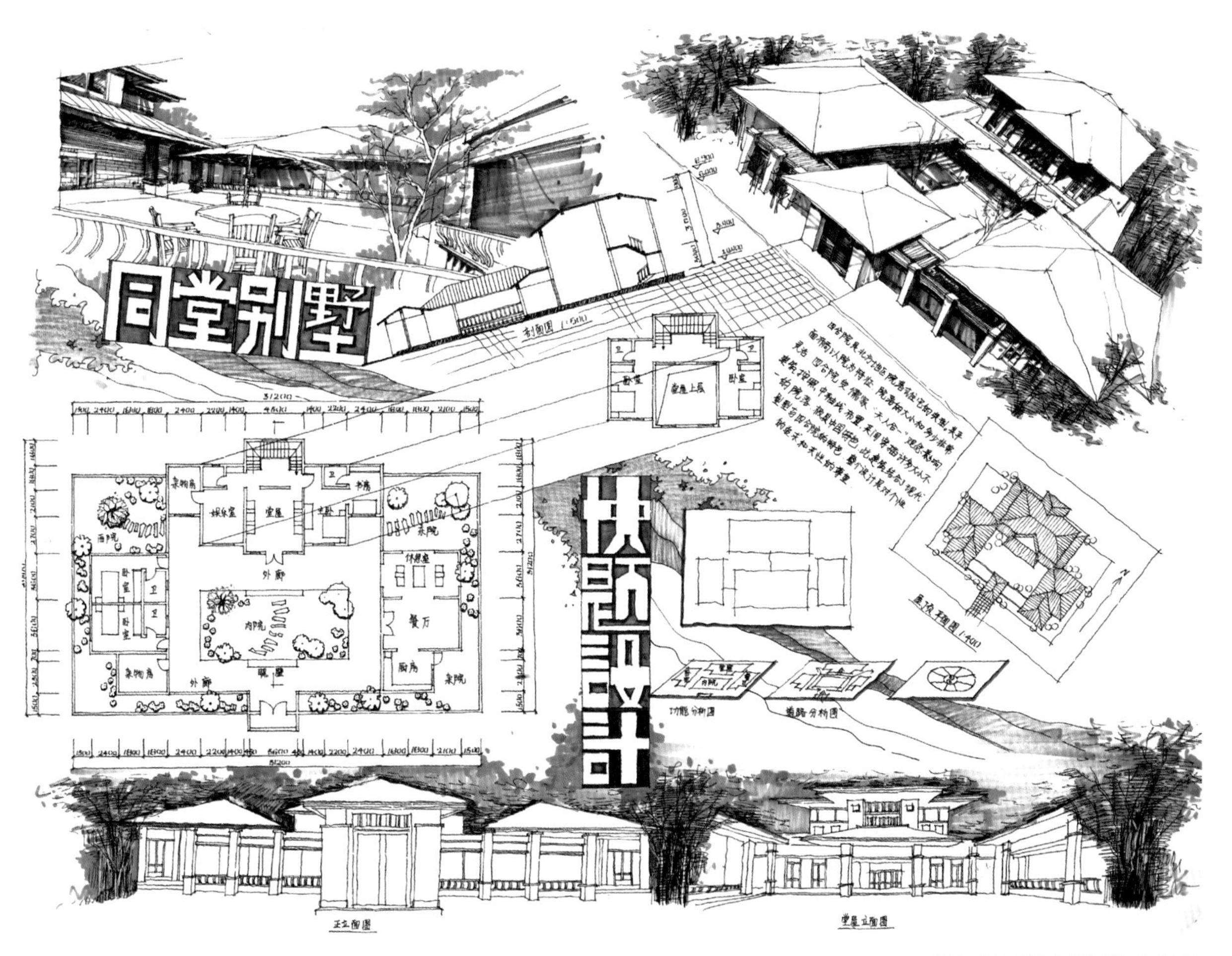

图5-3 同堂别墅设计 王美丹

二、茶室设计

1.茶室快题设计案例（一）评语（图5-4）

优点：本张茶室建筑设计敢于想象，和环境结合产生呼应和对话。形体组织节奏感好，手绘表达也很有特点，淡雅中显出老练与沉稳，构图主次分明。分析图也展示了学生较好的构思创意能力。

问题：建筑平面图没有尺度和比例，立面图没有标高。这些都是快题设计中的硬伤与大忌。

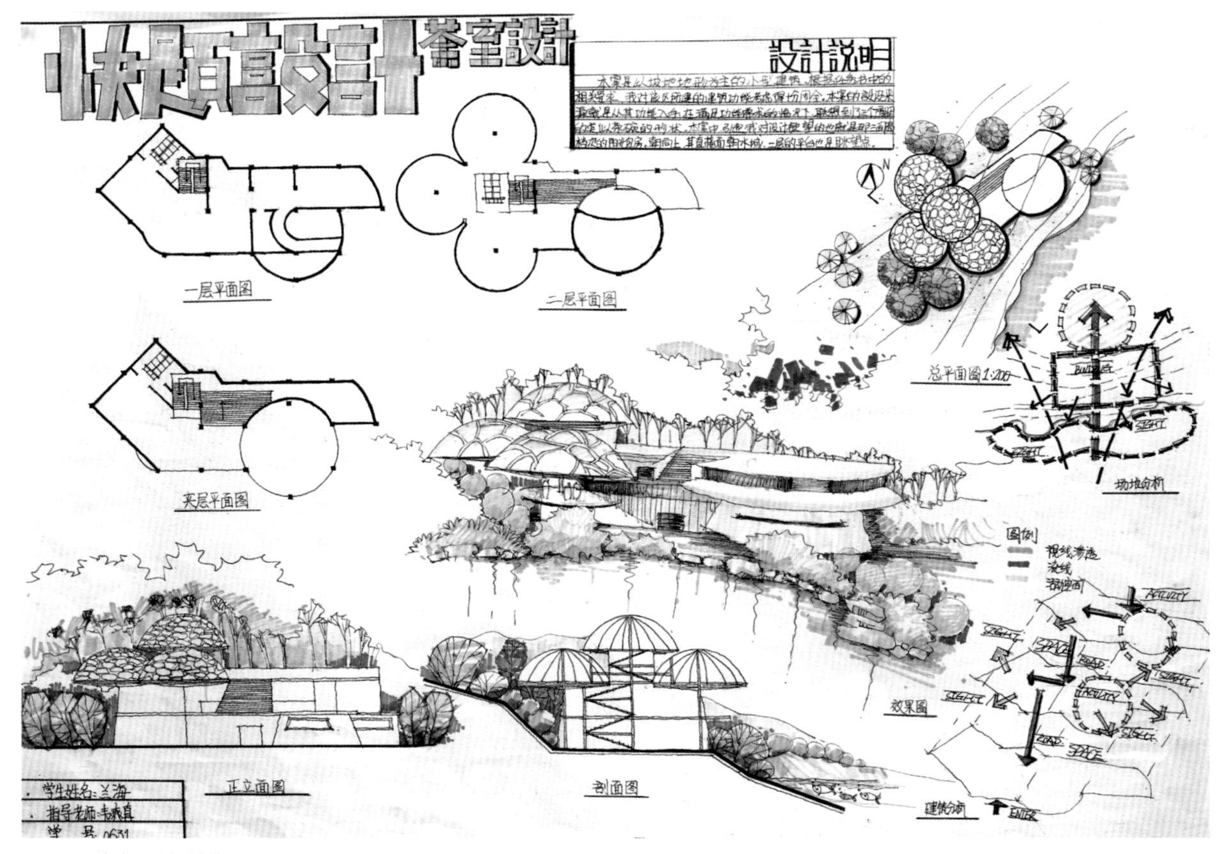

图5-4 茶室设计 兰海

2.茶室快题设计案例（二）评语（图5-5）

优点：本张茶室建筑设计利用对文字的变体展开空间联想，颇有新意。建筑立面的处理与平面空间产生呼应。这些都反映出学生对建筑形态较好的理解能力。

问题：该设计没有对建筑的尺度比例进行标注，如果因这方面的欠缺而失分是很不划算的。所以在进行设计的时候要合理安排时间。

图5-5 茶室设计 学生作业

3.茶室快题设计案例（三）评语（图5-6）

优点：本张茶室建筑设计在空间的形态交代上比较完整。构图饱满，手绘表达技法好。

问题：该平面图在功能分区上稍显不明确，建筑各功能在平面图上应具体的体现出来，满足人们对该类建筑的精神需求。

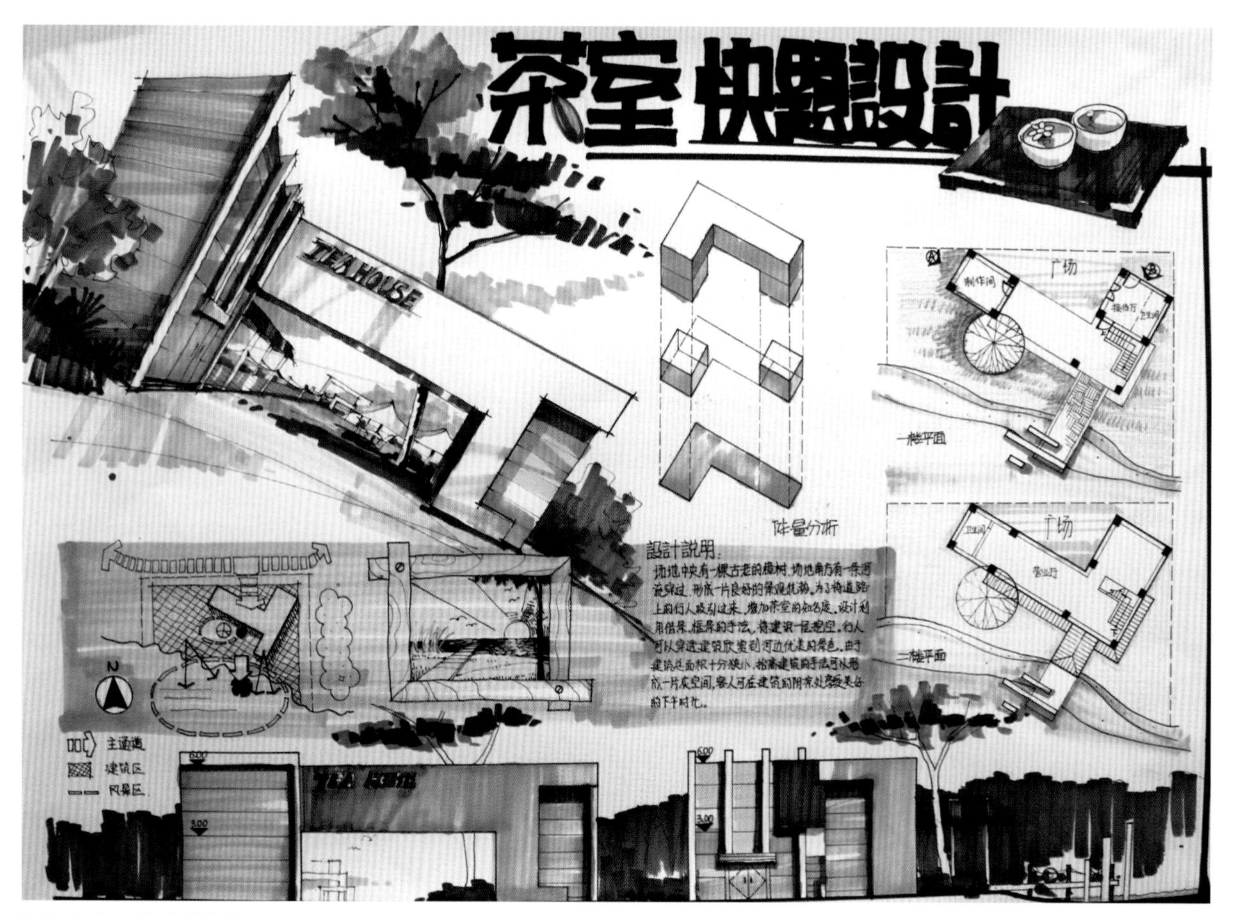

图5-6 茶室设计 崔长佳

三、公共卫生间设计

1.公共卫生间快题设计案例（一）评语（图5-7）

优点：功能分区清晰明了，图面表达严谨有序，对设计思路也做了流程上的交代，手绘透视效果图与细节的放大表现颇有新意。

问题：建筑的形貌特点要准确地反映建筑的功能指向。这是快题设计里面非常重要的评价标准。这张快题设计最大的遗憾就是，没有让人一目了然看出是公共卫生间设计，更像是乡村民房。

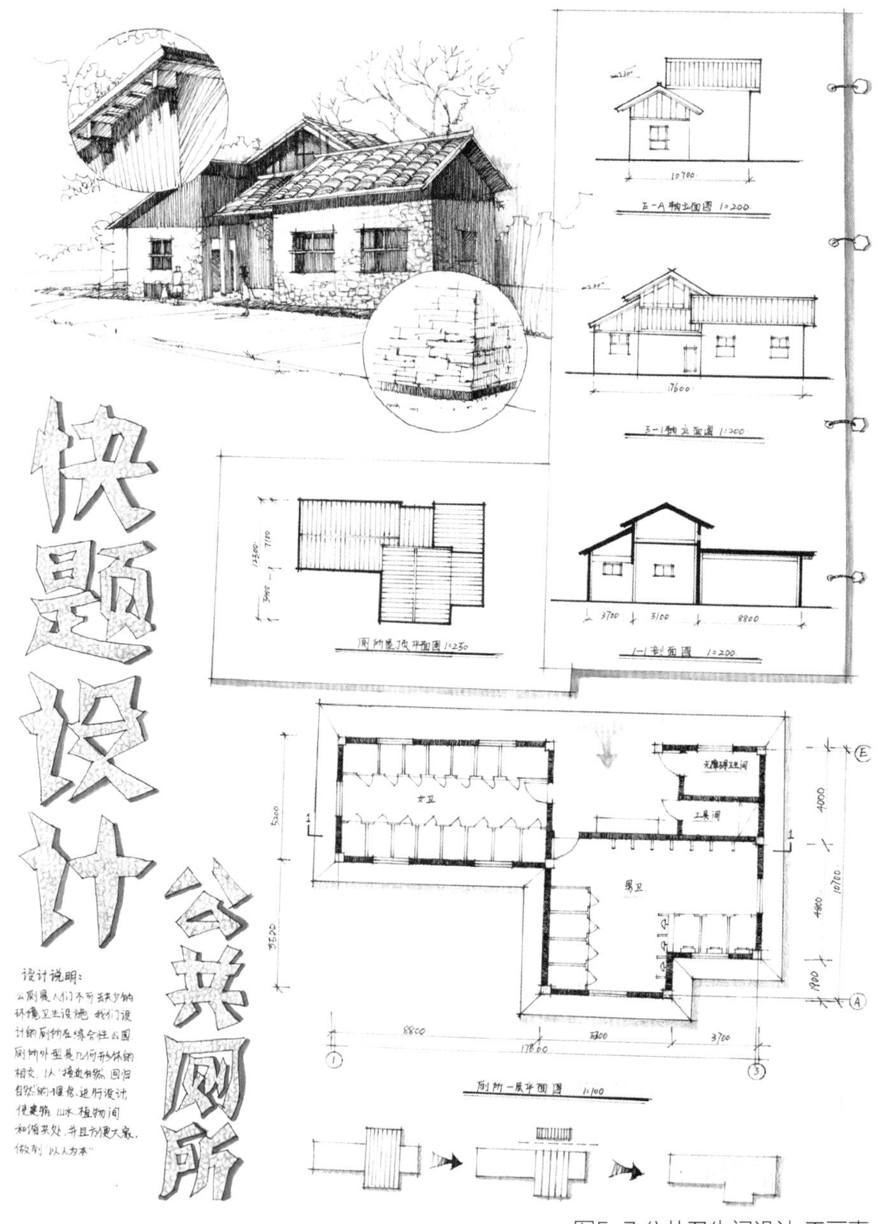

图5-7 公共卫生间设计 王丽真

2.公共卫生间快题设计案例（二）评语（图5-8）

优点：功能分区清晰明了，图面表达严谨有序，室内尺度适宜。

问题：建筑的外形体量从视觉上看有失真的地方，一定要注意防止这样的情况发生。建筑的外立面可以结合公共卫生间在通风上的要求，再进行深化处理。

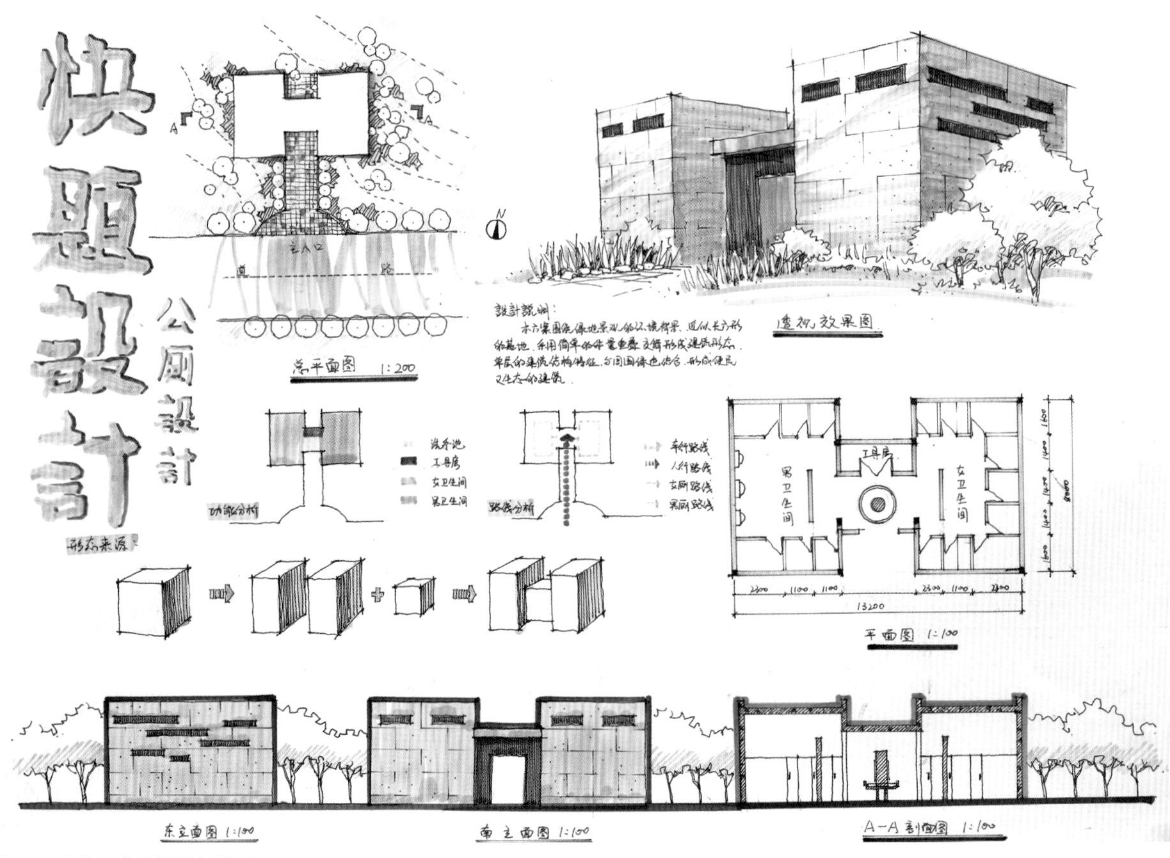

图5-8 公共卫生间设计 张露

四、新农村住宅设计

1.新农村住宅快题设计案例（一）评语（图5-9）

优点：该学生很好地把握了新农村住宅单体建筑和环境之间，特别是和地形之间的呼应关系。体量和表皮的处理有些新建筑的风味，手绘表现也很干净利落，是一张值得学习的快题设计作品。

问题：主要精力放在对建筑外形的推敲上面了，而新农村建筑的设计需要更的地交代农村的生产、生活方式在建筑空间上的反映，特别是几代人不同的私密与公共空间的组织。如果这方面有更多的考虑，将极大地丰富我们的建筑手段。

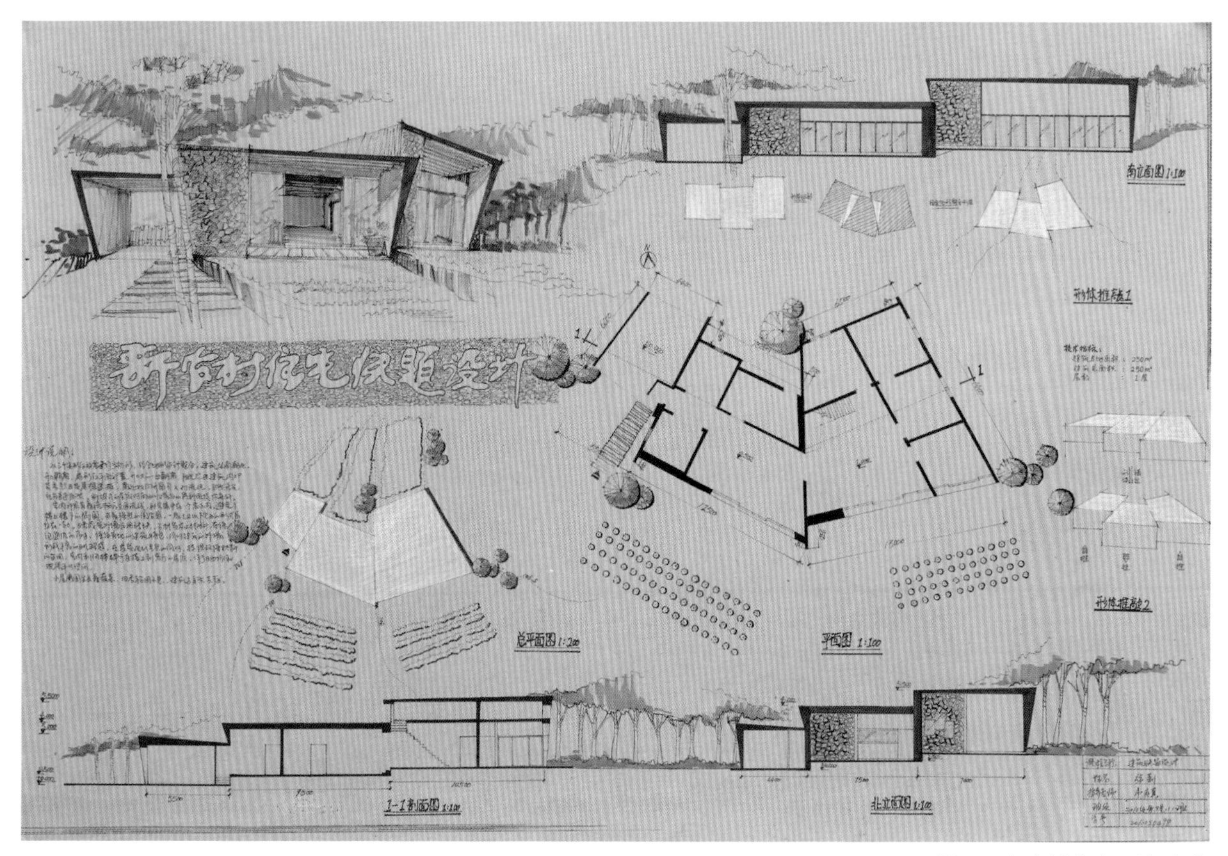

图5-9 新农村住宅设计 张莉

2.新农村住宅快题设计案例（二）评语（图5-10）

优点：这张快题设计抓住新农村的传统庭院与建筑功能的空间关系，很好地体现了该建筑设计的精髓，在平面功能分区和布局上也有很好的分析，这些都是极好的表现。这种有根据、有故事的设计最能打动评卷老师。

问题：建筑的外立面表现不失为一种手法，也很有新意。但建筑的开窗和平面功能没有对应到位。（图5-10）

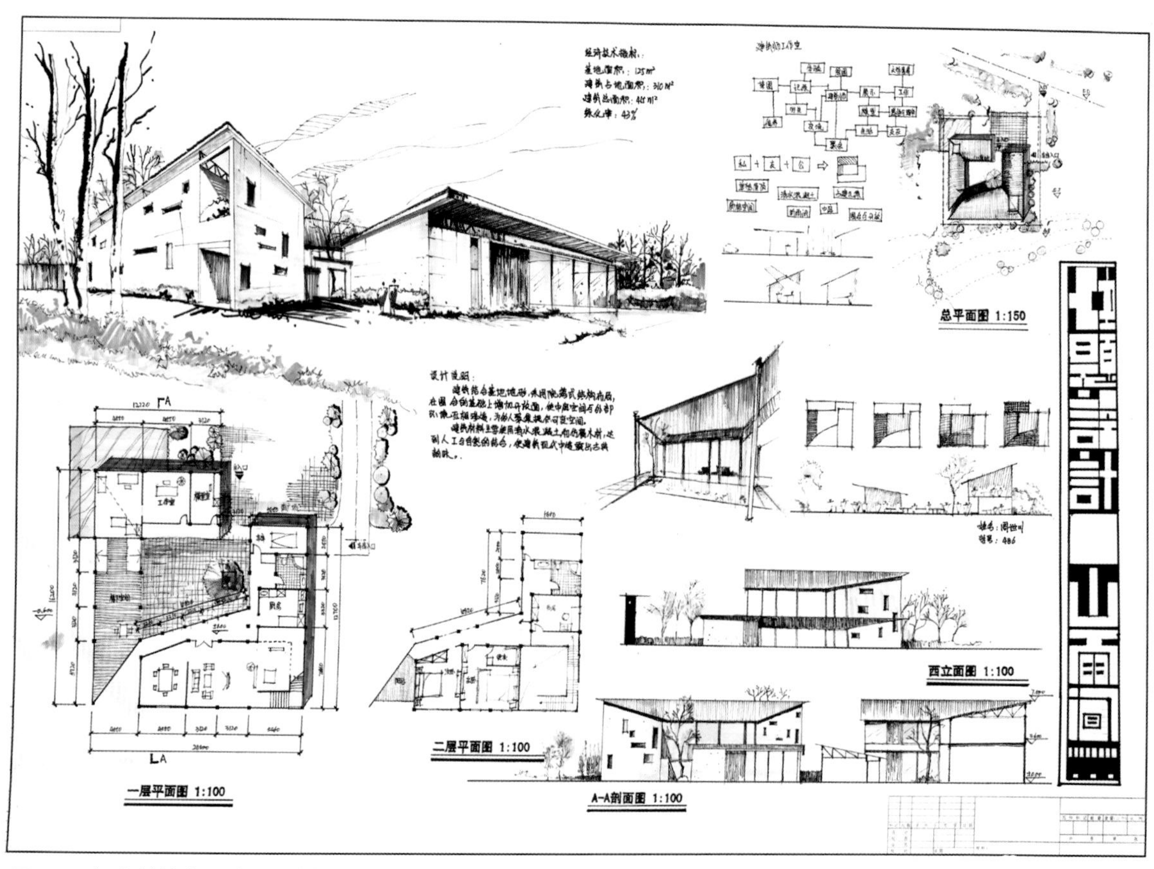

图5-10 新农村住宅设计 周世川

3.新农村住宅快题设计案例（三）评语（图5-11）

优点：这是一张很完整的以新农村为主题的快题设计。平面功能和立面图、透视图都表达得比较严谨，还使用了轴测图的方式对内部功能做了表现，用分解法把建筑的体量构成也交代得很清楚，尺度标注也很完整，这都是值得学习的。

问题：和整个建筑的完整度相比，建筑的外立面形态设计有点单薄平淡。山墙（建筑的两个侧面）如此大范围的开窗和建筑面宽只开一个窗的设计应该反过来。透视图在尺度表现上有些失真。

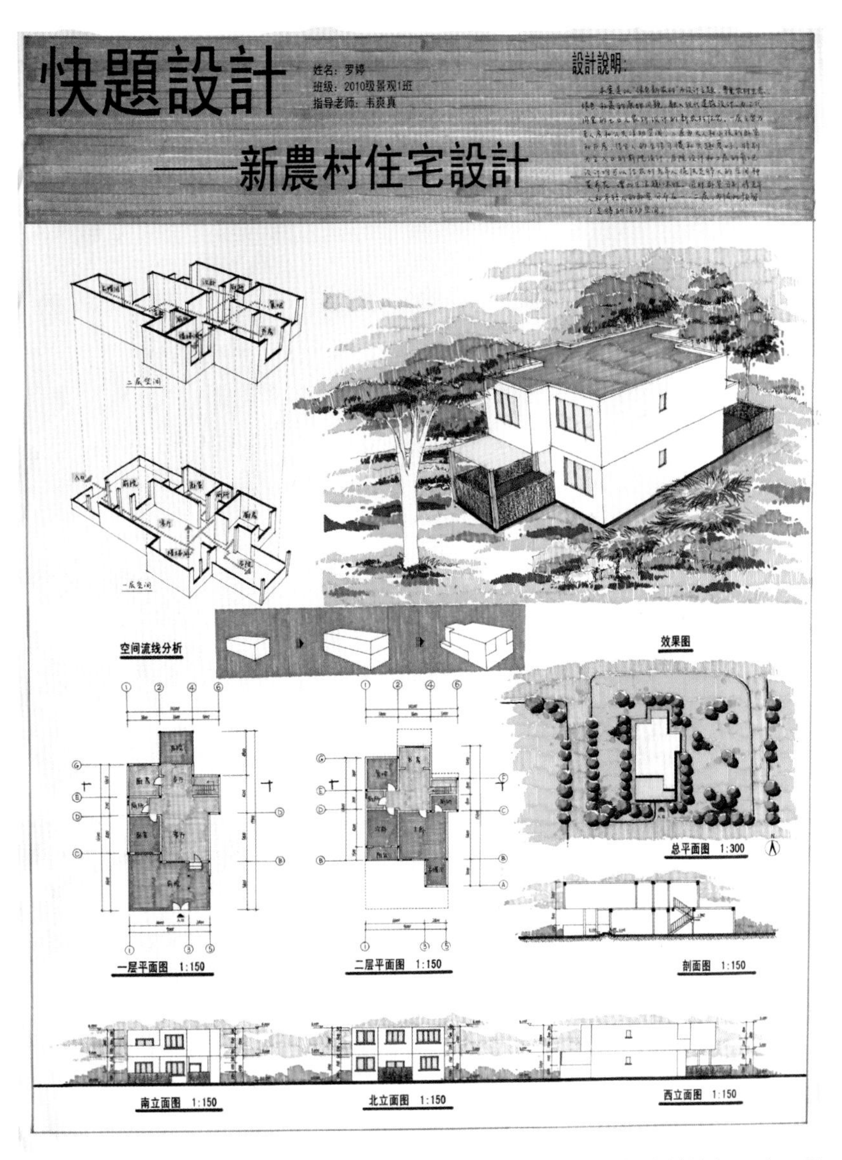

图5-11 新农村住宅设计 罗婷

4.新农村住宅快题设计案例（四）评语（图5-12）

优点：该建筑快题设计表现方式比较统一，从视觉的第一效果上来看比较能抓住眼球，图面的统一感是最大的优点。

问题：新农村的主题没有清晰地表达出来，倾向于现代独栋建筑和单体建筑的设计。

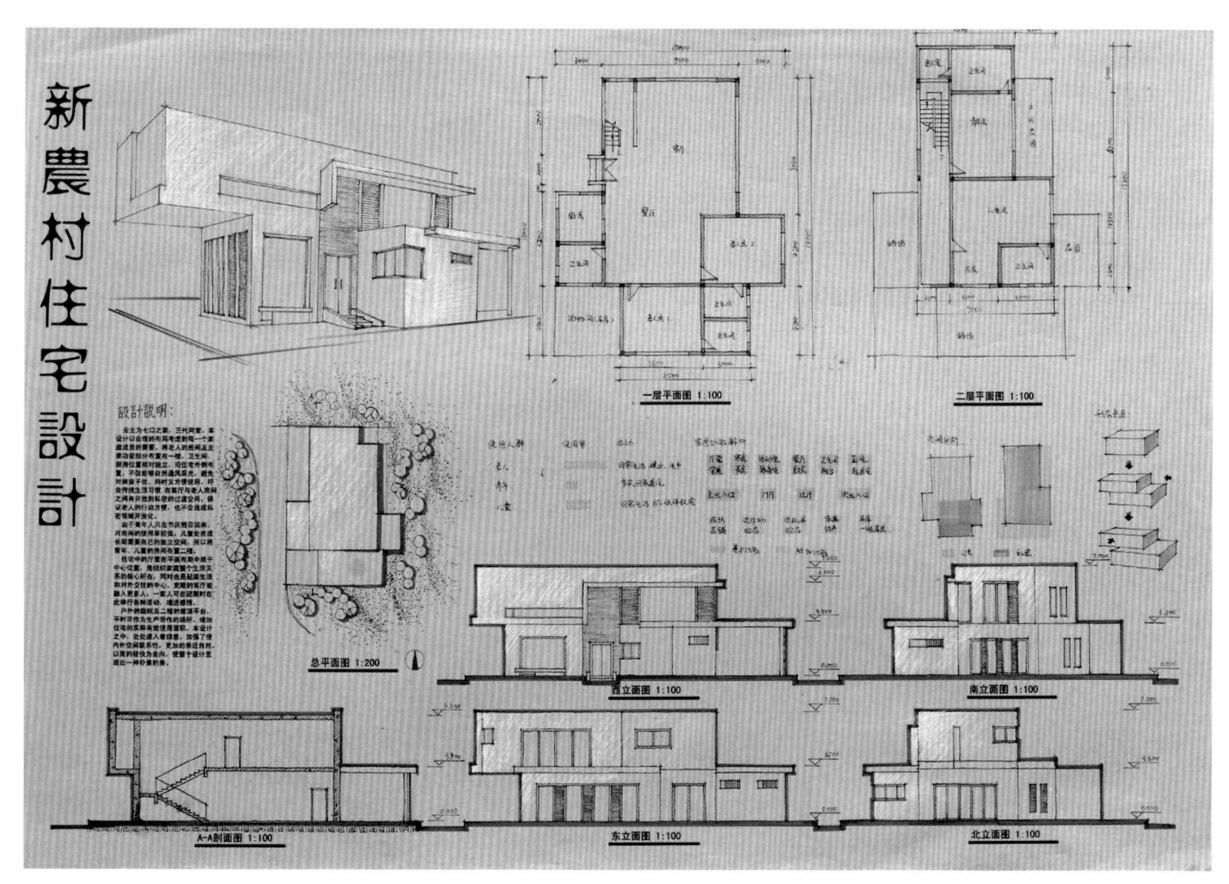

图5-12 新农村住宅设计 曹宇琦

5.新农村住宅快题设计案例（五）评语（图5-13）

优点：该新农村住宅建筑快题设计作业无论从设计还是表现来看都非常完整统一，能抓住新农村建筑的形态要素进行空间整合，在平面室内布局上也很全面。表现手法虽比较富有装饰感，但也还能抓住眼球。

问题：总平面图的交代主要是为了说明场地问题，特别是周围道路和空地与建筑的关系。该设计的总平面图在这方面有缺憾，需要加上道路、建筑入口、比例等重要因素 。

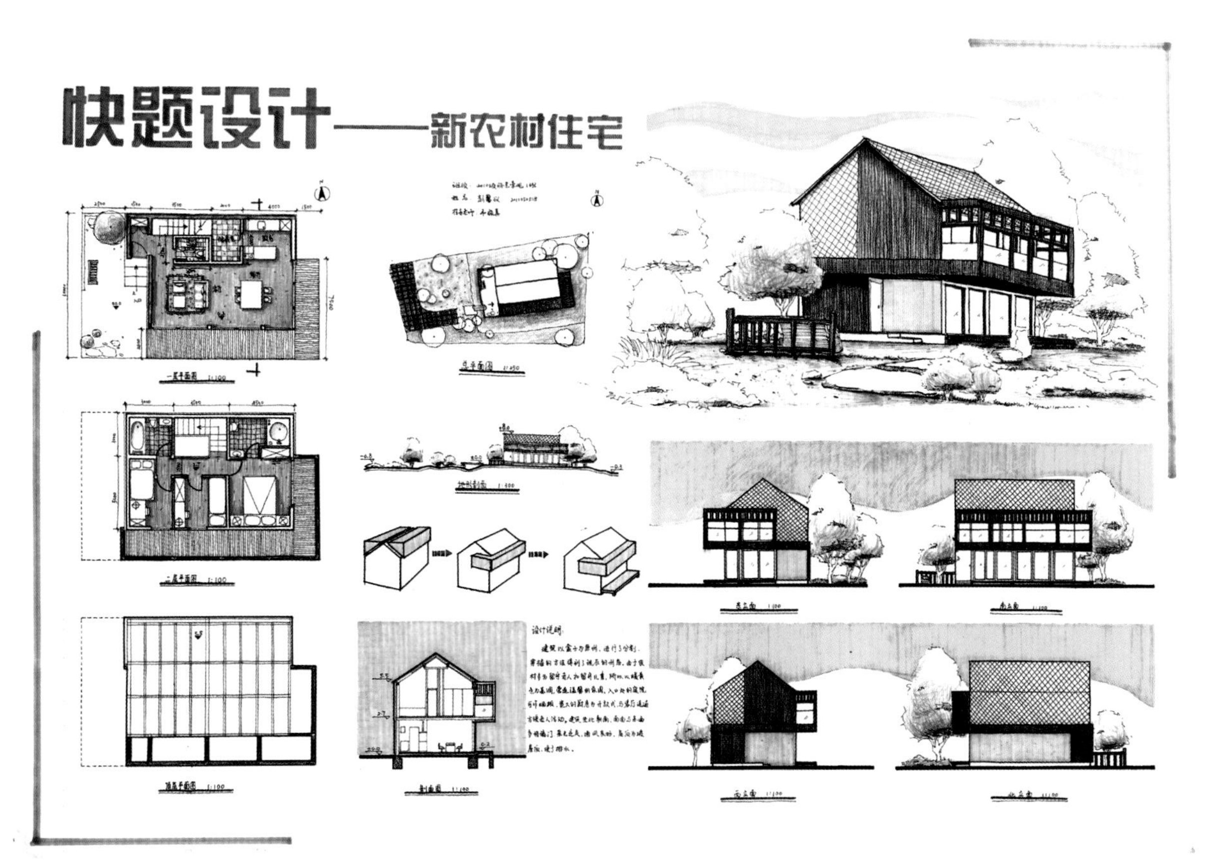

图5-13 新农村住宅设计 彭馨仪

第二节 大空间、多元化空间设计

一、老干部活动中心设计

老干部活动中心快题设计案例评语（图5-14）

优点：这是一张具有完整建筑空间形态手法的建筑快题设计。不仅合理的分析公共与私密、开敞与分隔等多种空间关系，对于不同的空间面积在位置布局上也有完整的考虑。适合老人心理需求的院落围合的特色得到了充分的体现，也是这张设计最扣紧题目的手法体现。

问题：建筑立面的开窗开洞的方式过于单一，节奏美感没有梳理，估计是时间的原因有些拼凑。建筑外立面的色彩和材质上，也几乎没有准确的交代，显得比较草率。

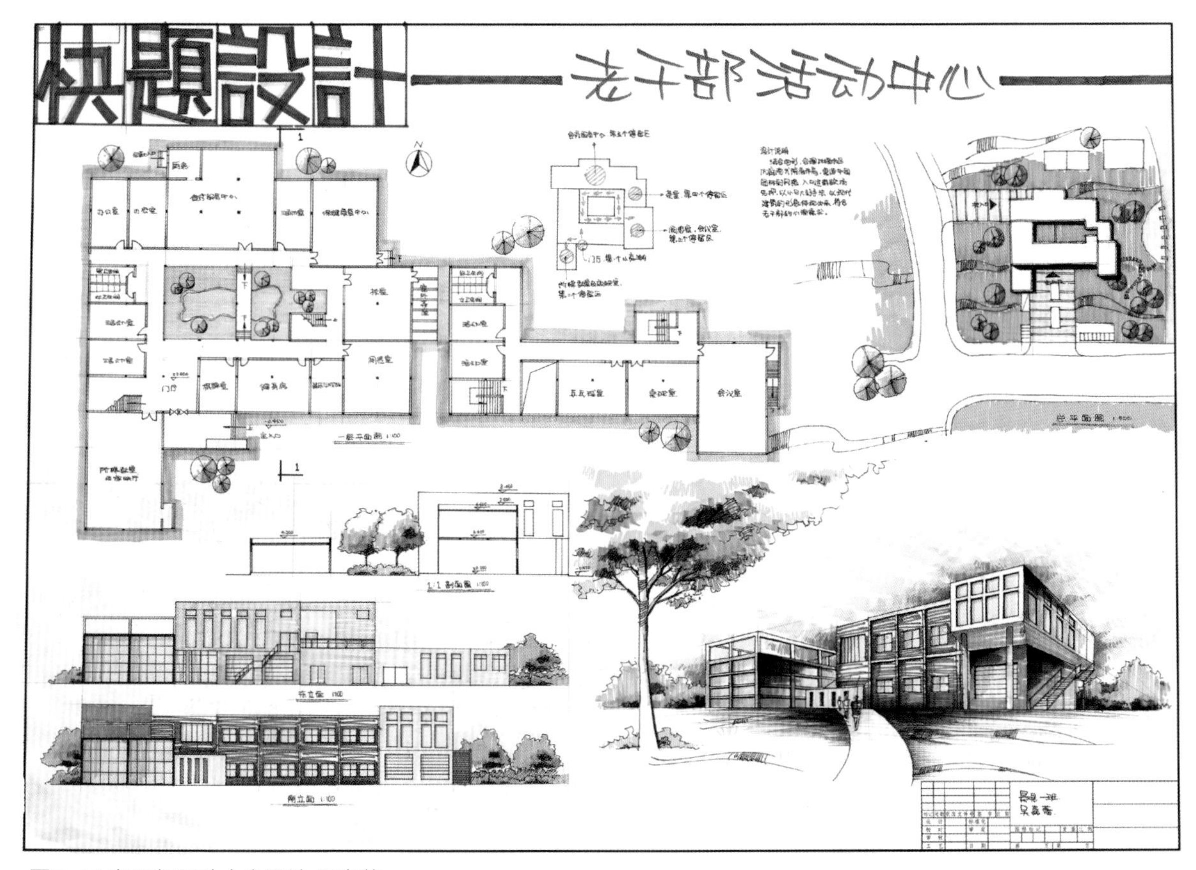

图5-14 老干部活动中心设计 吴嘉蕾

二、社区文化中心设计

1.青年文化中心快题设计案例（一）评语（图5-15）

优点：该建筑快题设计能抓住青年文化的核心命题，创意大胆地切割建筑体量来表达中心思想，这是最难能可贵的。建筑的风貌也很切题，建筑体量形态的切分过程也做了较完整的表现，平面图标注也比较完整，是一张不错的快题设计作品。

问题：建筑的立面图标高没有标注。注意不要在小的细节上丢分。

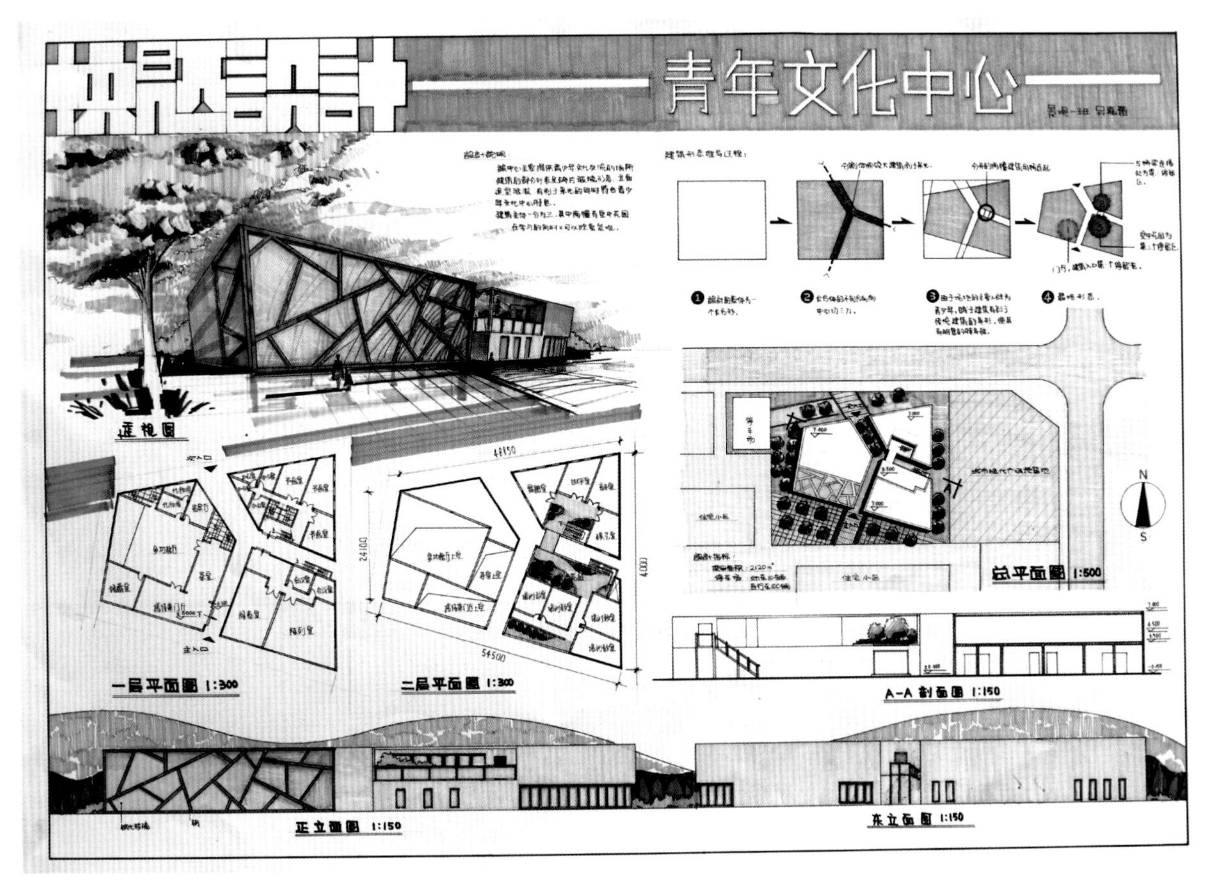

图5-15 青年文化中心设计 吴嘉蕾

2.青年文化中心快题设计案例（二）评语（图5-16）

优点：该建筑快题设计特别抓住了公共建筑共享空间作为建筑设计的突破口，较准确地表达出了建筑的公共属性，设计手绘表现也比较完整，建筑设计的来龙去脉交代得较清楚。

问题：建筑的立面处理比较新颖，但没有周全地考虑到室内各功能之间的关系，特别是采光、通风的功能几乎没有体现。快题设计以创新来引人注意是可以的，但希望在基本功能的设计上不要丢分。

3.青年文化中心快题设计案例（三）评语（图5-17）

优点：这张建筑快题设计最大的优点就是思路严密连贯，清晰的造型设计与表达合二为一。在建筑与场地的大关系的设计上显示出了成熟。

问题：建筑的立面图标高没有标注。应注意不要在小的细节上丢分。

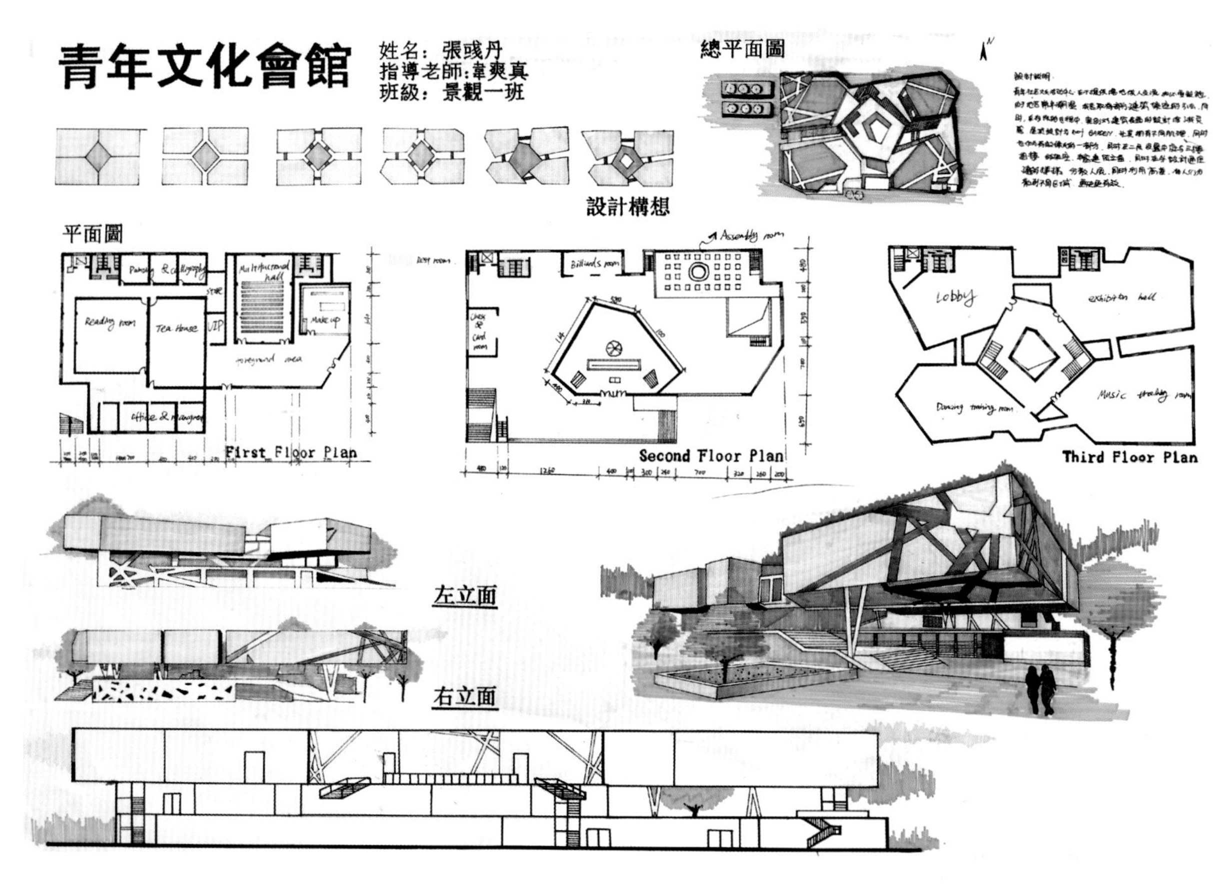

图5-16 青年文化中心设计 张彧丹

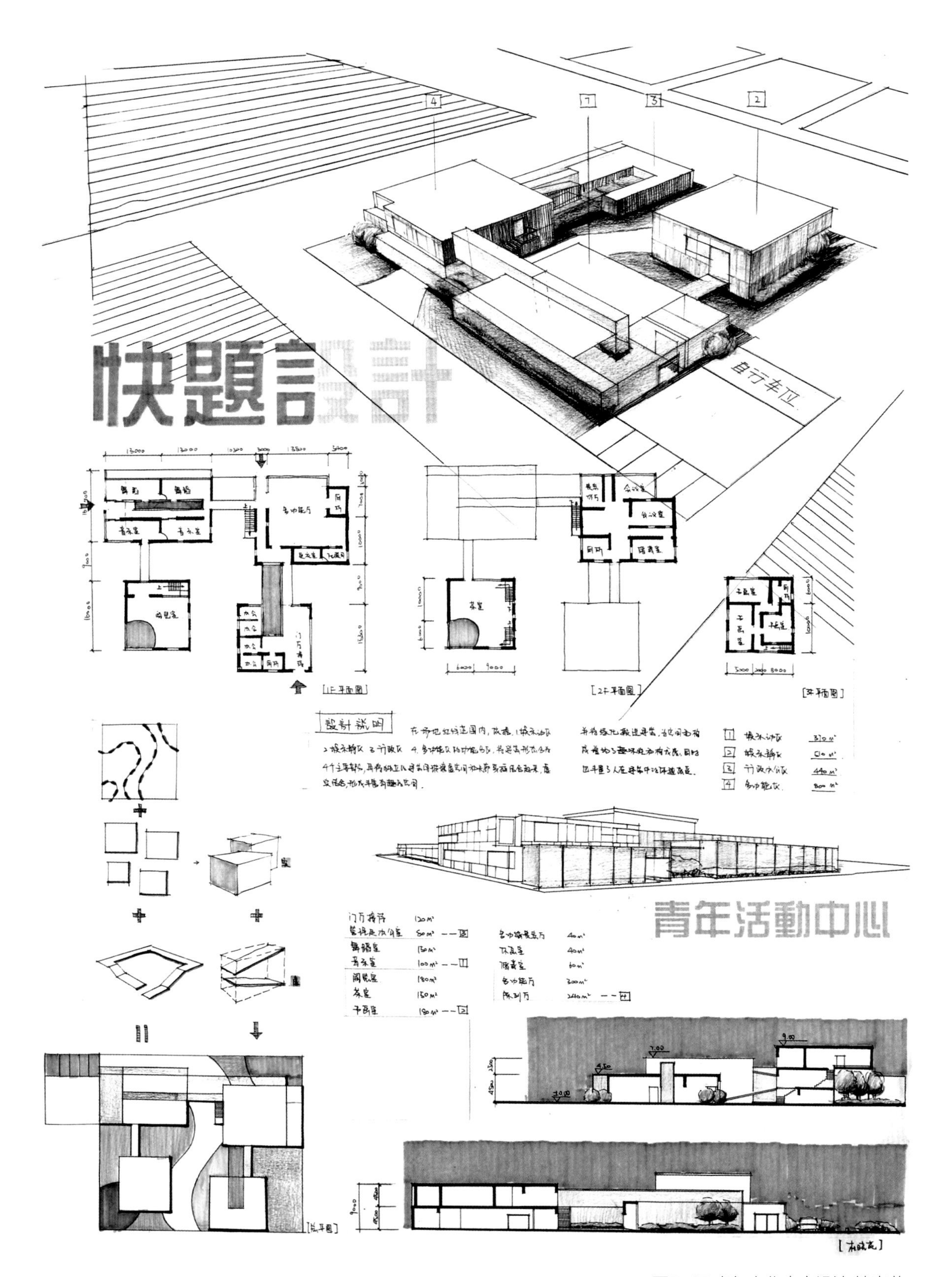

图5-17 青年文化中心设计 杜晓苑

4.青年文化中心快题设计案例（四）评语（图5-18）

优点：该同学在建筑形态的推敲方面下了一定的功夫。建筑快题设计中将设计的演绎过程进行解读，可让人看到你的分析能力和建筑学知识的娴熟程度，能给自己加分不少。

问题：建筑的平面图没有尺度标注。不要只写比例，既然是快题设计，就要在基本的数据上让人一目了然。

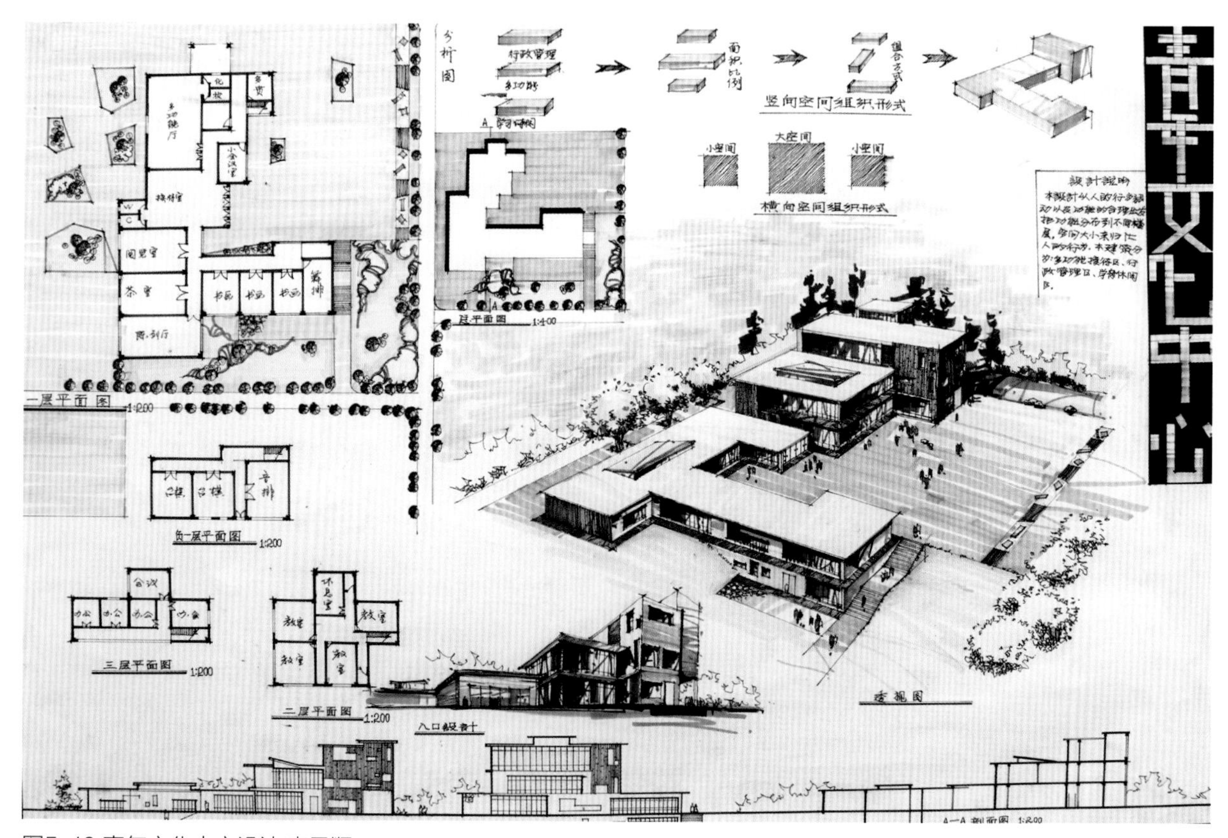

图5-18 青年文化中心设计 查灵顺

5.青年文化中心快题设计案例（五）评语（图5-19）

优点：这是一张较为复杂的结合场地的组群建筑设计。就社区活动中心的核心建筑的表现不论是功能还是形态都是比较让人满意的，特别是在地形的高差变化条件下，应用退台式的设计手段极大地丰富了建筑语言，展现出了自己的设计手段。

问题：作为总平面图，建筑形态有所偏差，看不到该建筑在场地中的正确位置，这样的失误有可能是时间，也有可能是在尺度上的偏差，但无论如何，这是不容小视的错误。

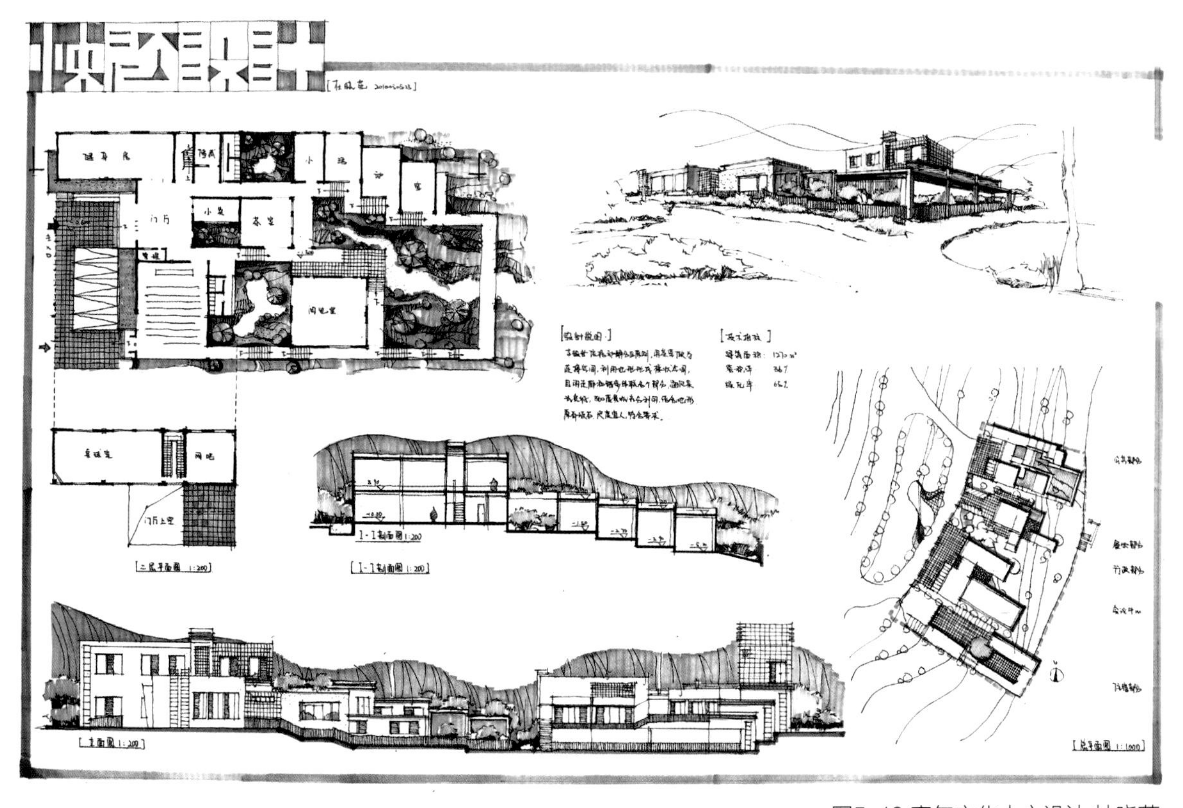

图5-19 青年文化中心设计 杜晓苑

6.青年文化中心快题设计案例（六）评语（图5-20）

优点：该设计很好地利用了中庭的要素组织空间流线和布局。能够充分匹配红线轮廓做最大限度的空间利用。尺度标注、总平面图、各层平面图表达完整。

问题：为了节约宝贵的考试时间，总平面图可以再简略一些。把时间留给效果图表现，让其更加丰富和完整。

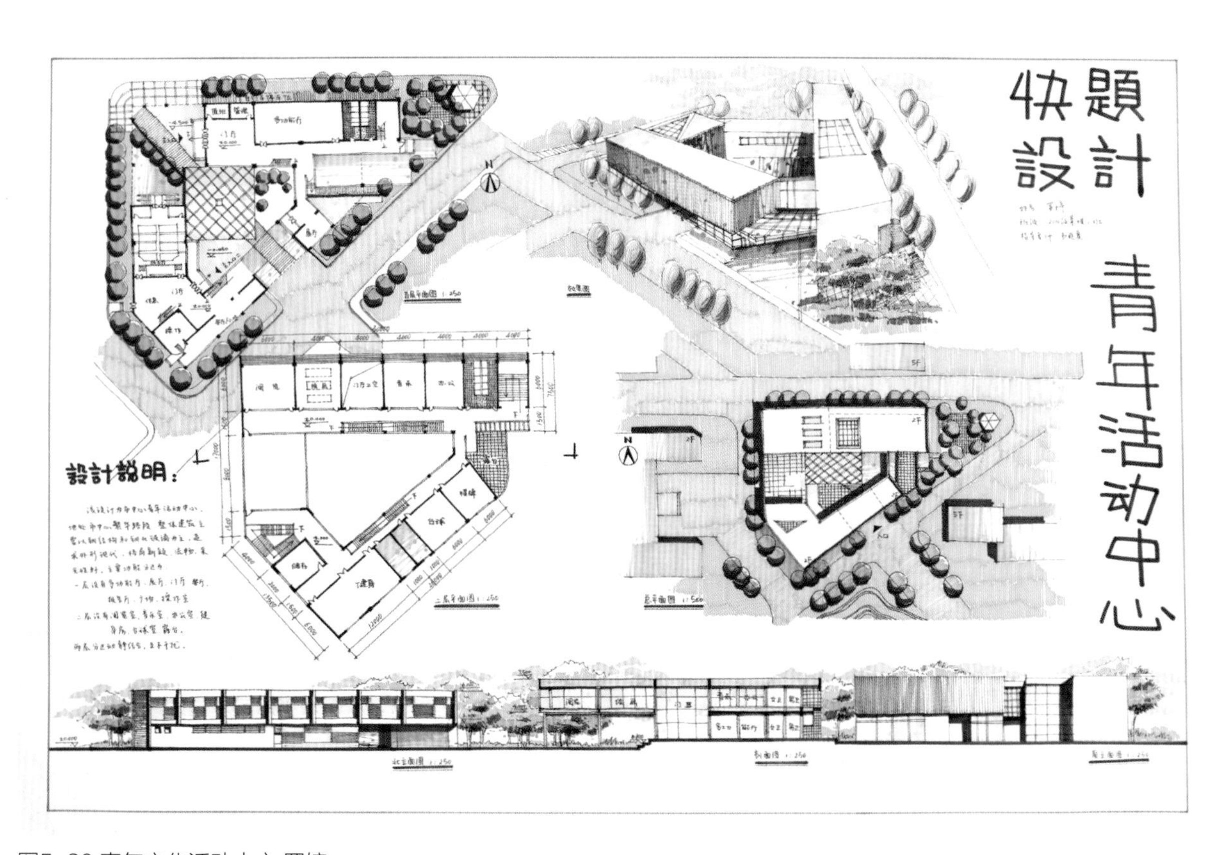

图5-20 青年文化活动中心 罗婷

7.社区活动中心快题设计案例（一）评语（图5-21）

优点：这张建筑快题设计最大的优点就是结合了地域文化的建筑符号，让文化建筑有了身份的归属。平面图、立面图的功能分布与尺度标注表达完整。

问题：在构图上如果把立面图和平面图对调一下，将透视图再放大一些，图面的视觉冲击力还会更强。

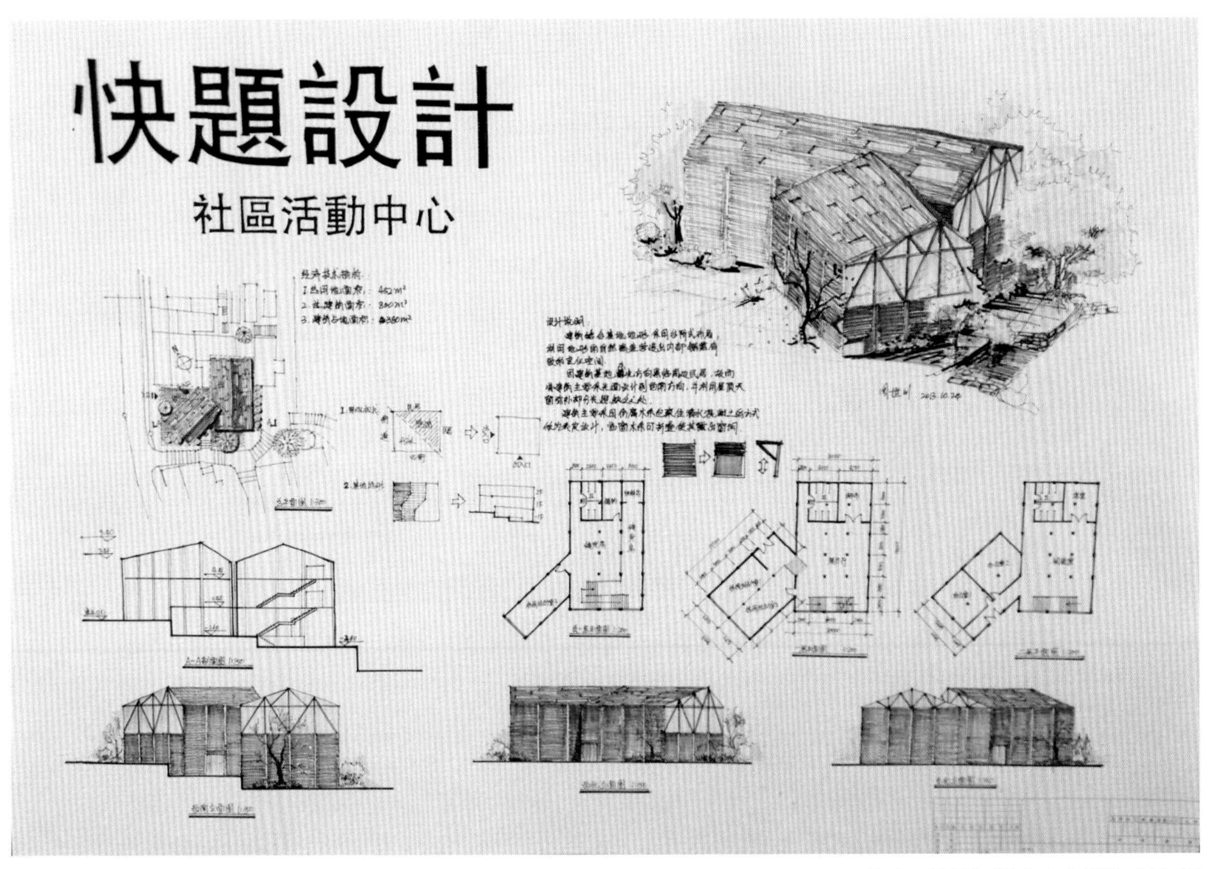

图5-21 社区活动中心设计 周世川

8.社区活动中心快题设计案例（二）评语（图5-22）

优点：这是一张信息丰富，表达完整的快题设计作品。建筑的造型受到了立体化建筑思想的影响，显得很有动感和空间感。这样的设计具有原创性，能够赢得老师的青睐。构图饱满，手绘表达严谨。使用彩铅，显出了独特的风格。

问题：建筑立面图有点多，可以把精力多花在鸟瞰透视图上面，让透视图更加完整。

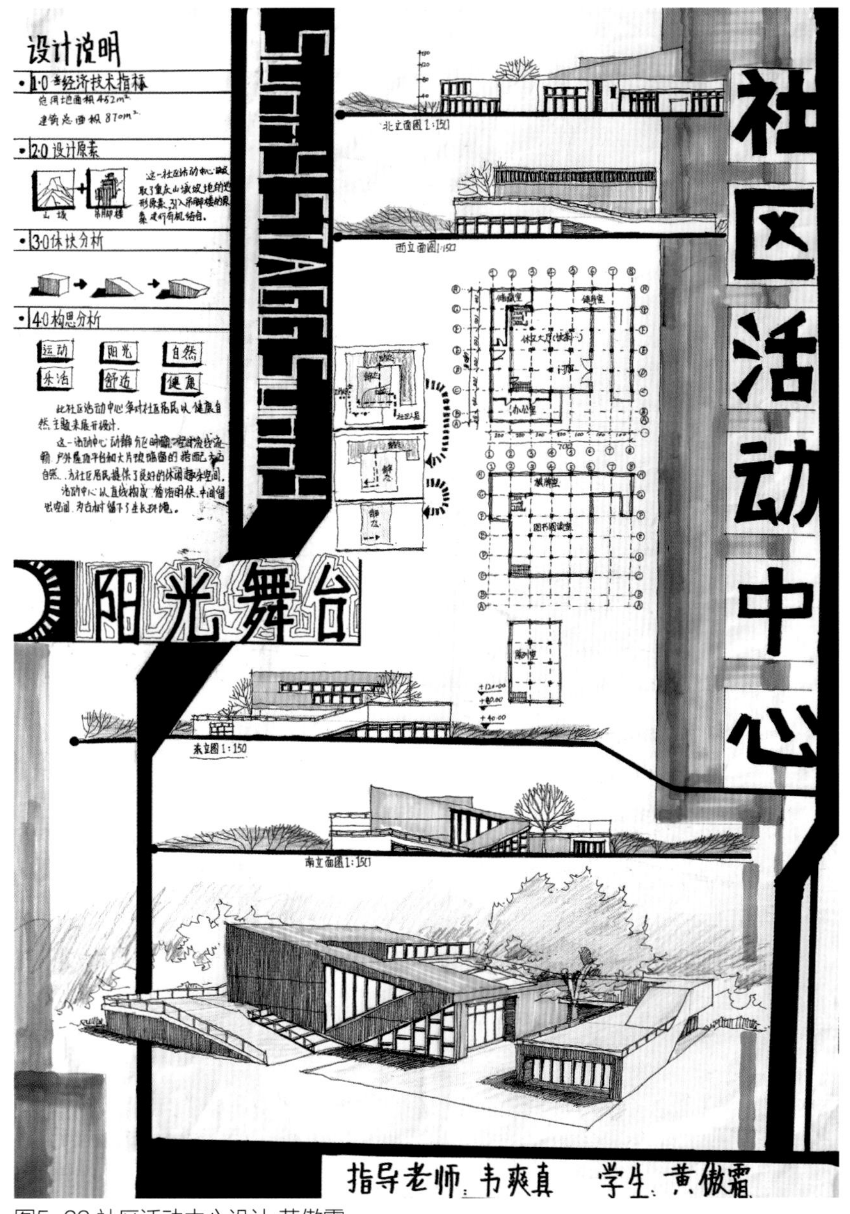

图5-22 社区活动中心设计 黄傲霜

9.社区活动中心快题设计案例（三）评语（图5-23）

优点：这张建筑快题设计在一个整体的盒子里面进行切割，表现浑然一体的建筑群体感，这种手法显出了同学一定的建筑造型天赋。建筑外立面处理也很老练。是一张值得学习的快题设计作品。

问题：可能是时间紧张的关系，学生没有完整的交代好建筑入口、立面与地形之间的关系，而这却是老师最关注的部分。

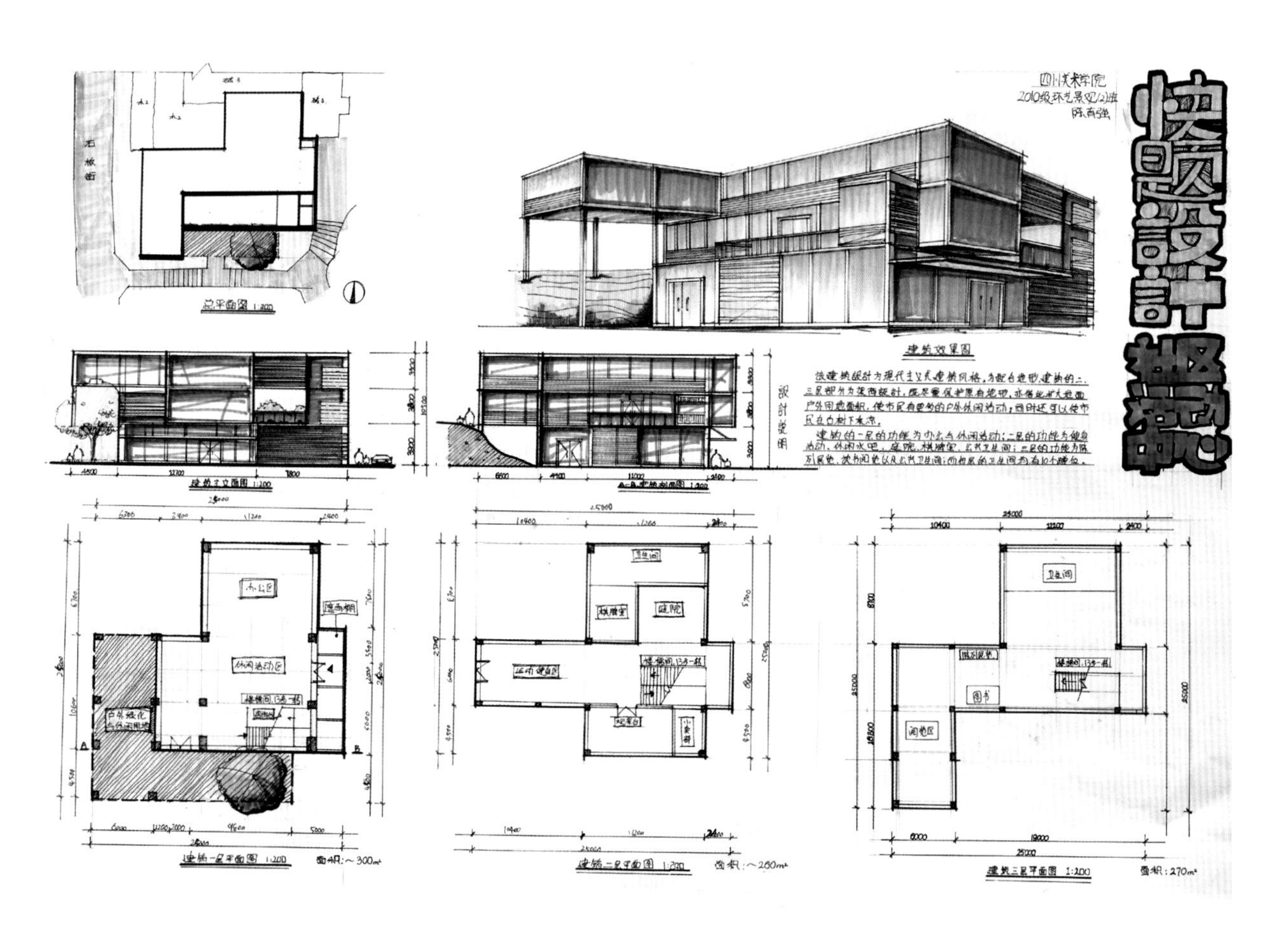

图5-23 社区活动中心设计 陈育强

三、文化教育建筑设计

1.文化建筑快题设计案例评语（图5-24）

优点：这是一张完整的快题设计。难能可贵的是作者富有创意地从“抽屉”的形态展开了空间联想，组织文化建筑的各空间关系。建筑外立面造型恰如其分地表现出了建筑的文化属性。作品手绘能力娴熟，设计的尺度比例表达、分析过程表达、手绘的娴熟能力也是很完整的，值得推荐学习。

问题：作为公共建筑，它的服务性和公共性可以再加强，比如中庭的利用、停车场的设置等。

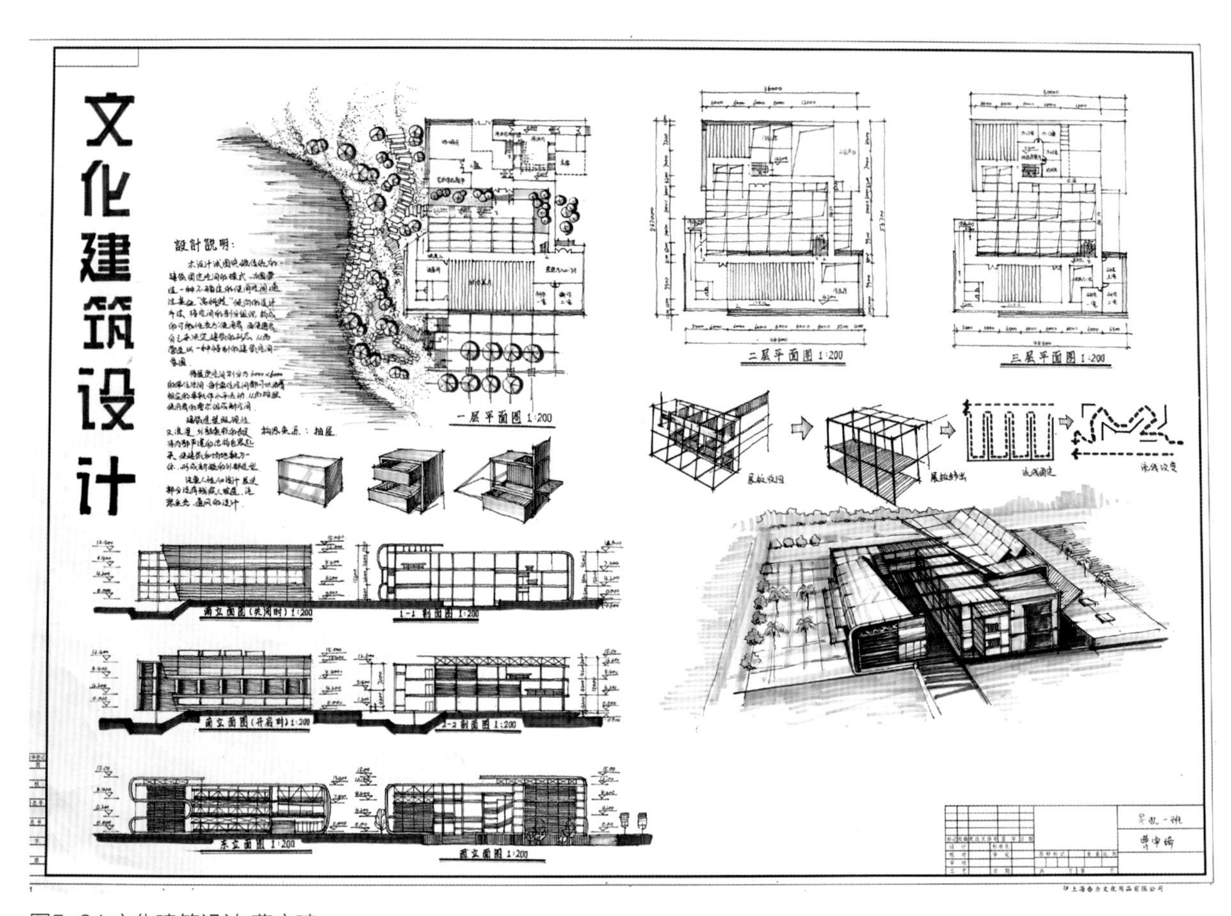

图5-24 文化建筑设计 曹宇琦

2.幼儿园快题设计案例评语（图5-25）

优点：能够基于场地的特点进行群体建筑的设计创作。各平面图表达完整。

问题：设计的总体感觉过于严肃和沉稳。可以结合少儿的心理特征来定义建筑的整体风貌。

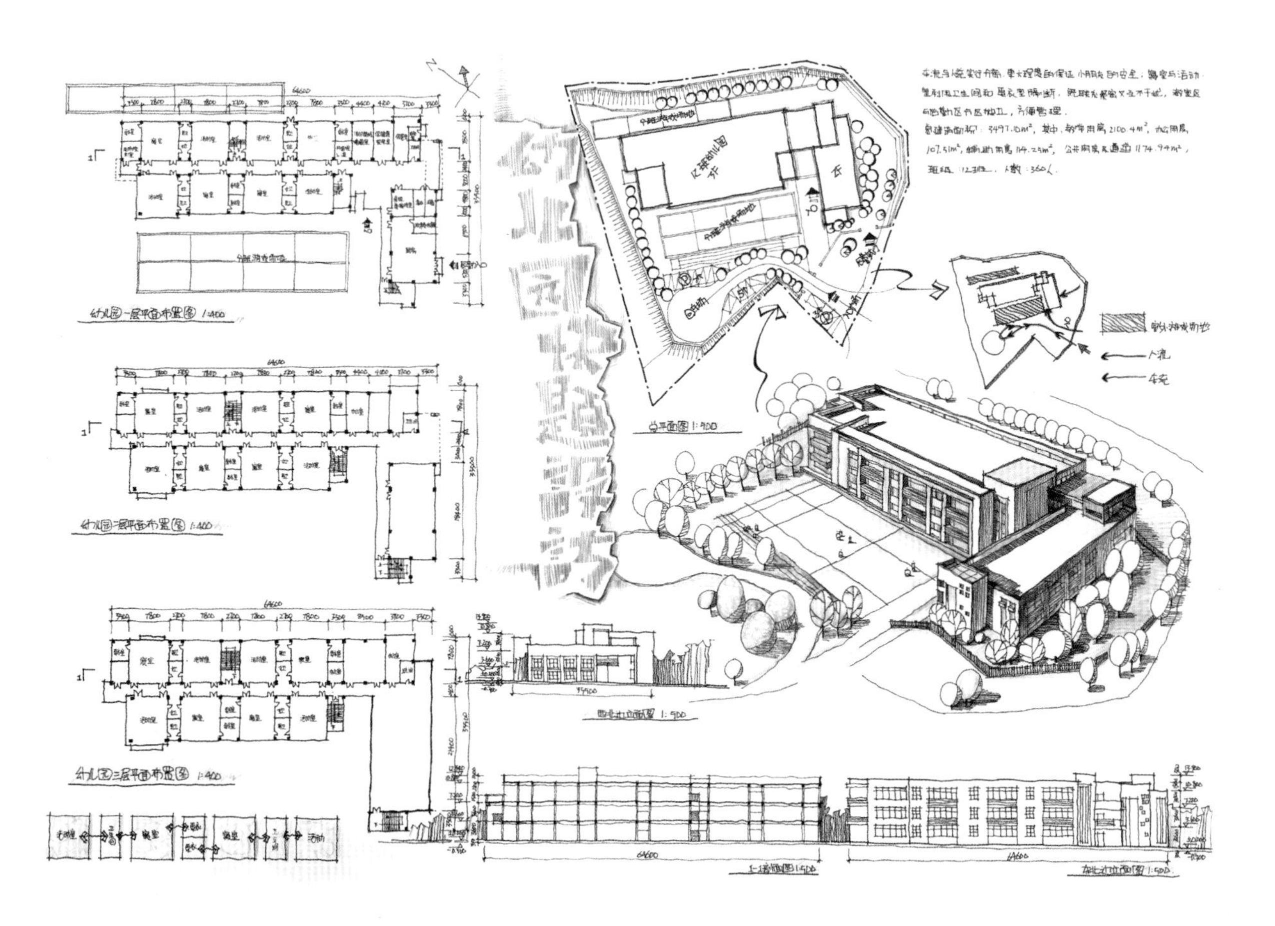

图5-25 幼儿园设计 王丽真

3.小学快题设计案例评语（图5-26）

优点：该设计最大的特点是结合地形进行建筑的群体设计。主次分明，流线清晰。在手绘表现上，无论是形态还是色彩都有很强的归纳性，画面整体、有力量感，值得学习。

问题：建筑各层平面图欠缺。如果考试要求完整的各层平面图，就需要补足。

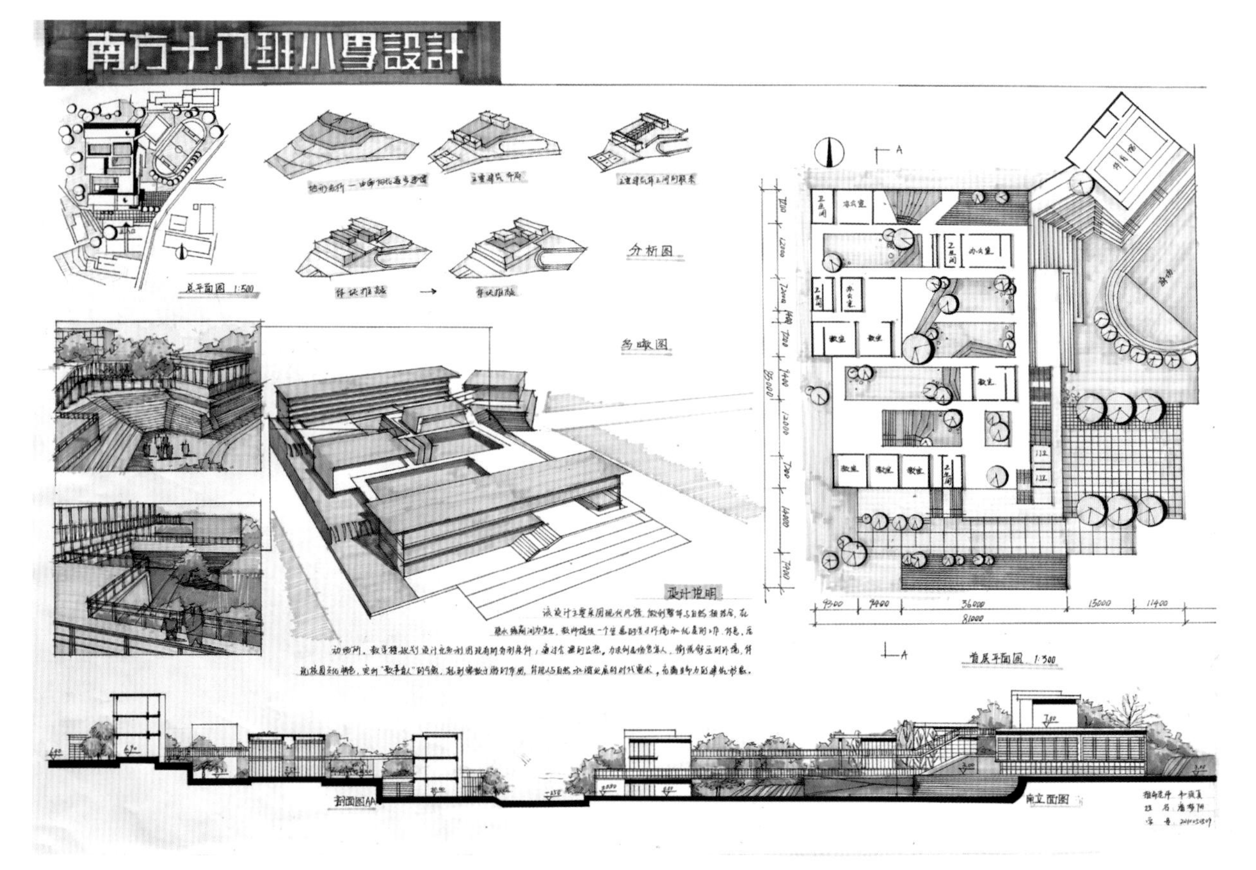

图5-26 小学设计 潘梦阳

四、汽车4S店设计

1.奔驰4S店快题设计案例（一）评语（图5-27）

优点：该设计能准确地把握建筑的精神特质，将其形象地演变为视觉化的特征。

问题：缺少建筑的立面图和对环境关系的梳理。对于这种和道路联系紧密的建筑，这方面的表现应该是不可省略的。

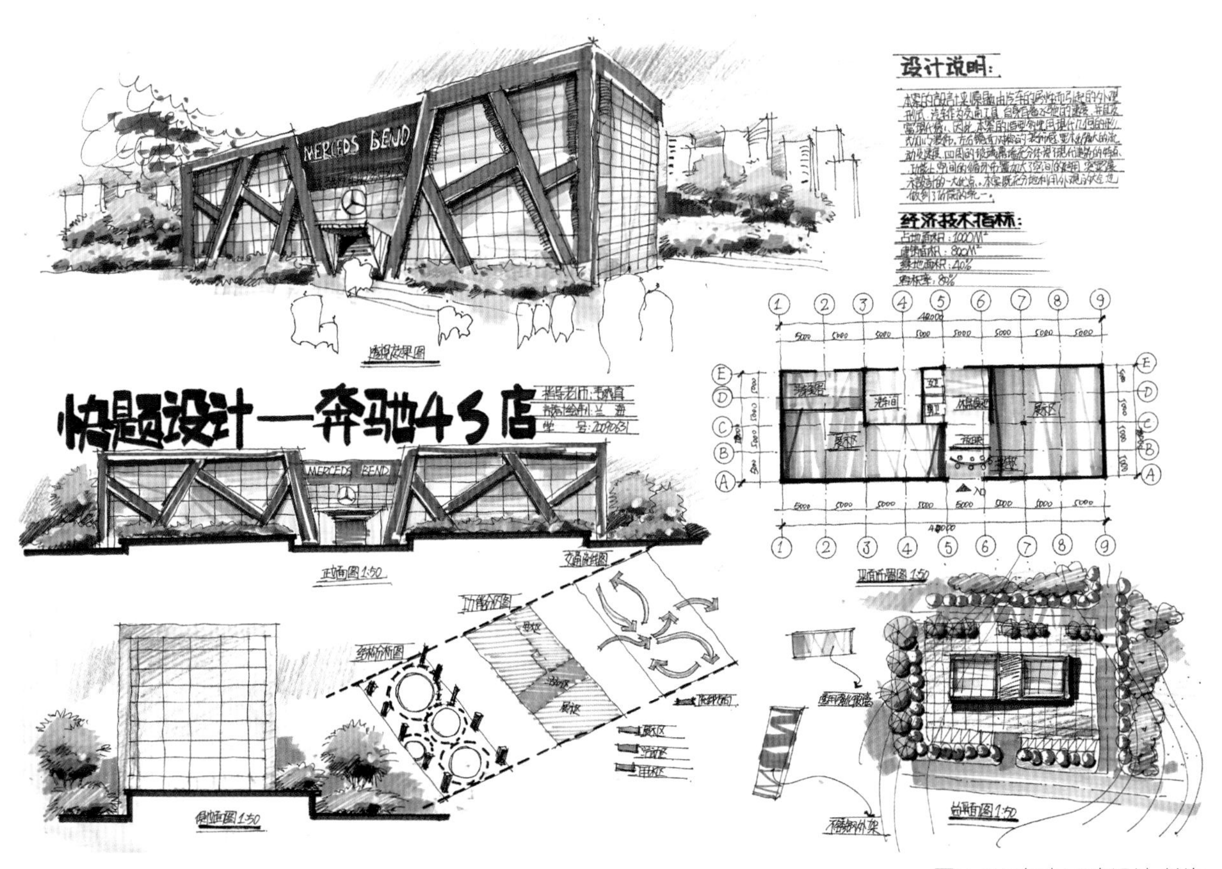

图5-27 奔驰4S店设计 兰海

2.奔驰4S店快题设计案例（二）评语（图5-28）

优点：该设计张扬、活泼，建筑形态视觉冲击力强。手绘表现清晰果断、有力量，构图不拘一格。

问题：对于4S店的内部功能还不熟悉，在生活中还要注意观察。

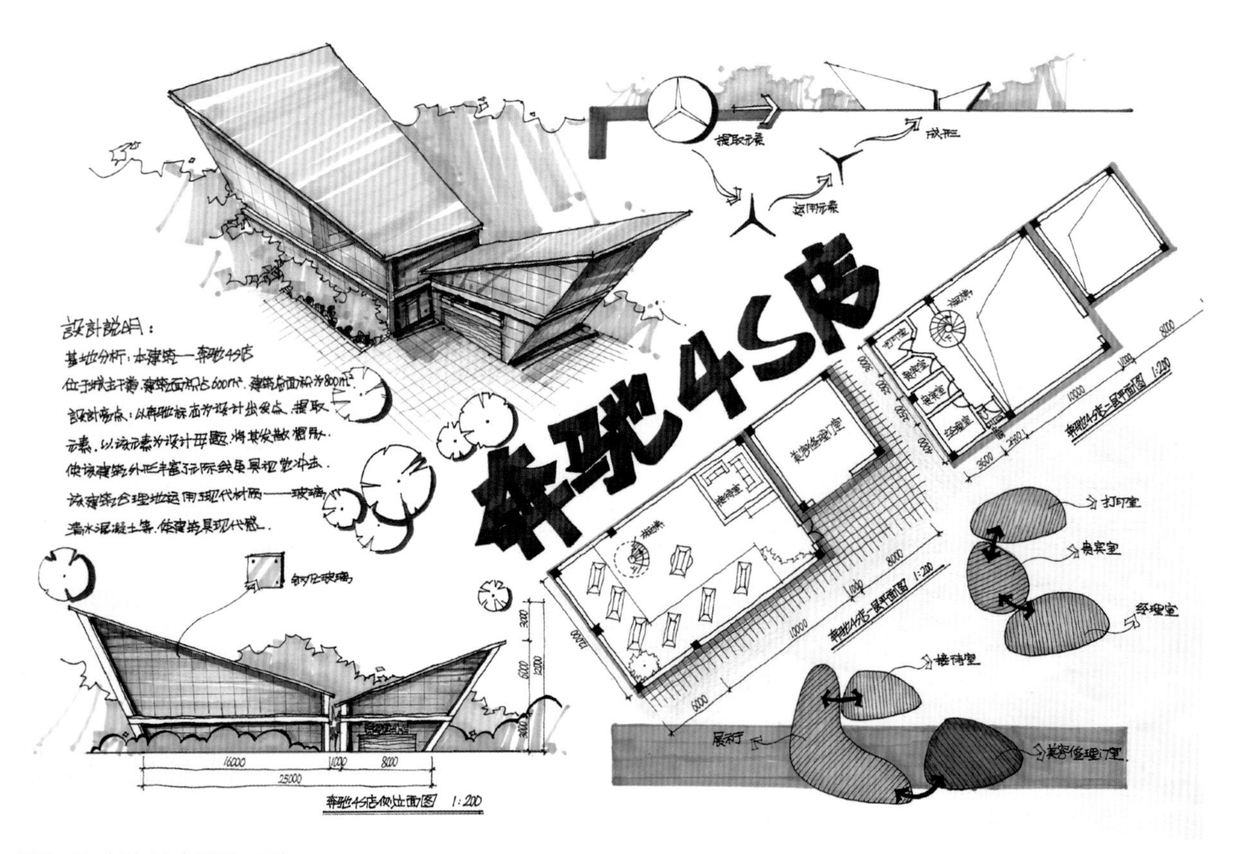

图5-28 奔驰4S店设计 王玲

3.奔驰4S店快题设计案例（三）评语（图5-29）

优点：建筑形态夸张中不失严谨和与场地关系的呼应。设计表现出了作者较为娴熟的建筑设计创作基本功。分析图简略而清晰。

问题：既然是为汽车4S店设计建筑，建议平面图和立面图都应该有“车”的形象，一方面能准确地看出尺度关系；另一方面也能烘托氛围。

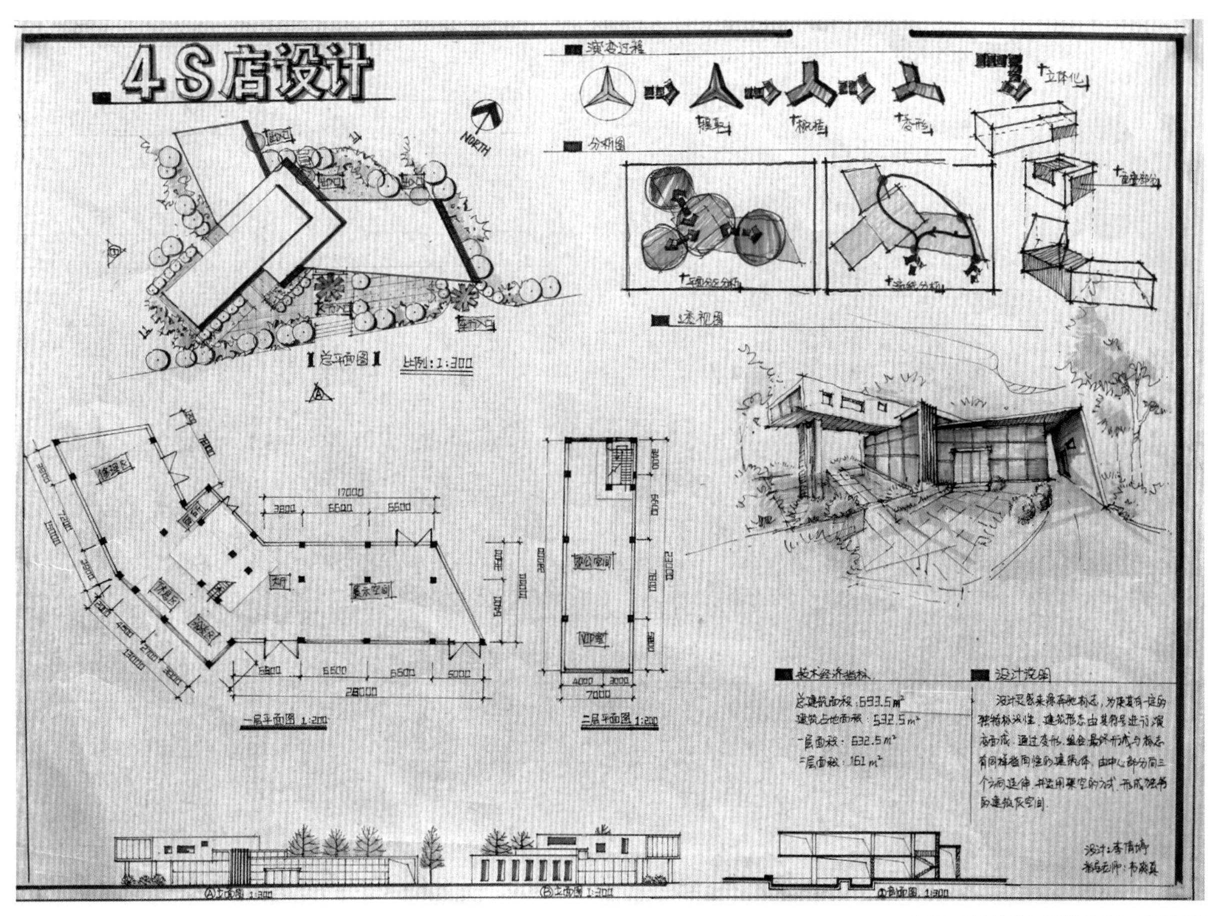

图5-29 奔驰4S店设计 李倩婷

4.奔驰4S店快题设计案例（四）评语（图5-30）

优点：这张建筑设计的特点就是很直接。建筑的功能和形式紧密结合，是很有阳光感的设计。

问题：尺度过大，并且立面图和效果图之间还有些不对应。

五、售楼中心设计

1.售楼部快题设计案例（一）评语（图5-31）

优点：该快题设计比较完整。从场地条件的梳理到建筑形态的形成过程都做了严谨的表现。平面图和剖面图的表现也很准确。透视效果图也表现出了作者比较扎实的基本功。

问题：作为具有商业性质的售楼中心建筑，不仅外形需要有张力，外形的材质也要细腻和有对比性。此设计对外立面的处理就显得稍微简单了。

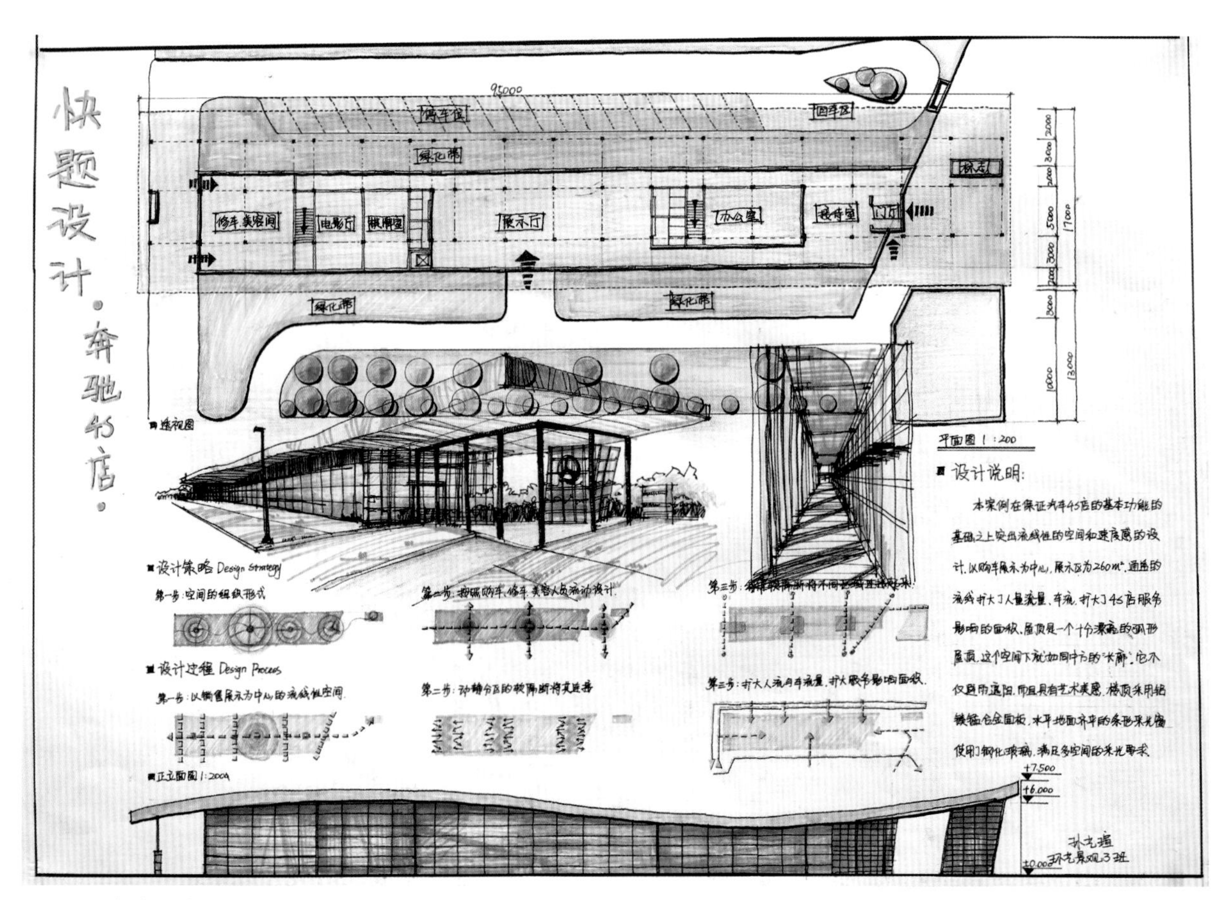

图5-30 奔驰4S店设计 孙艺瑄

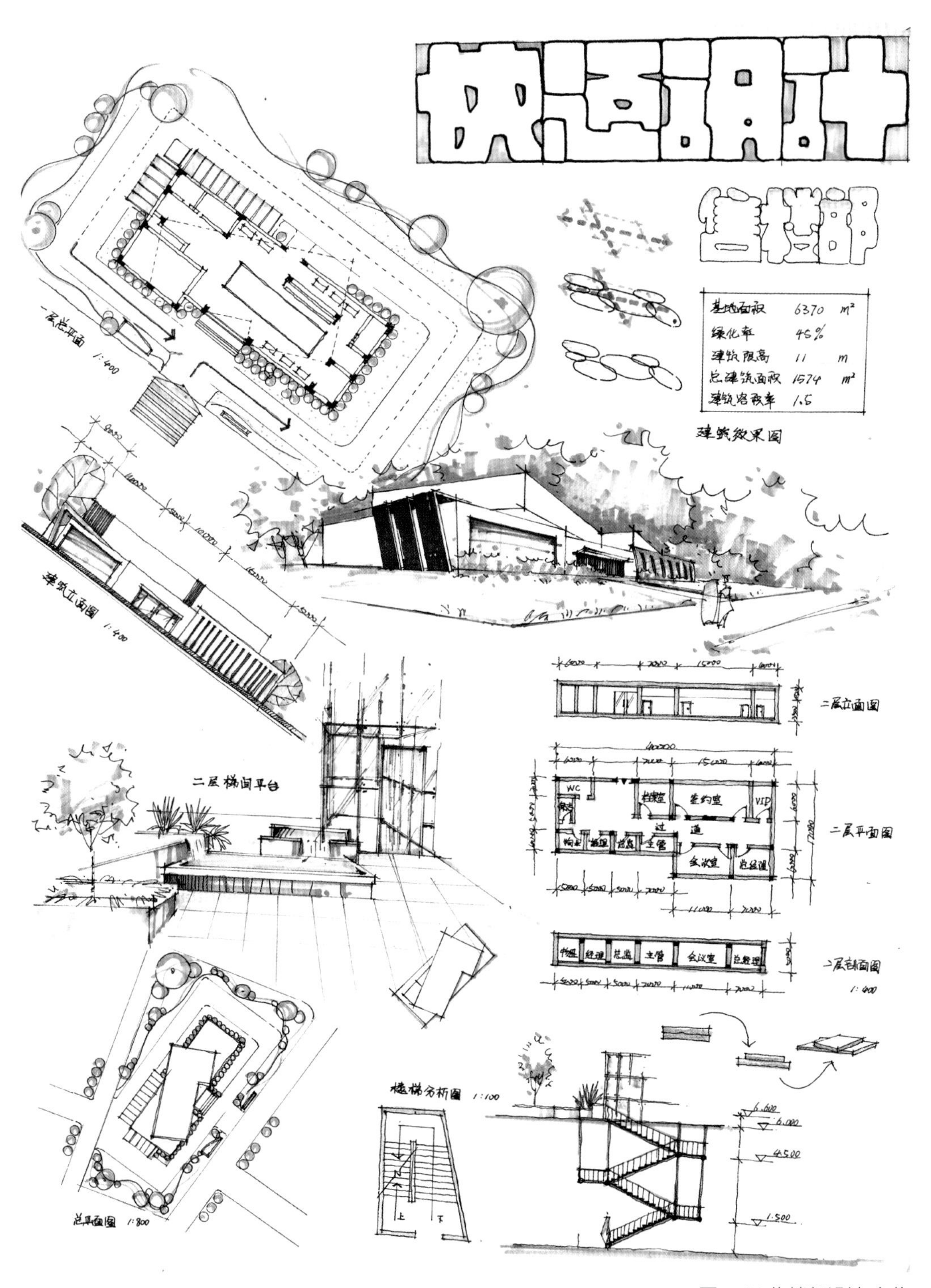

图5-31 售楼部设计 向俊

2.售楼部快题设计案例（二）评语（图5-32）

优点：建筑设计比较完整，特别是开窗处理很有特点，并且也做了细节的放大表现。蓝色彩铅作为底色能给人新鲜感。

问题：既然建筑的特点是窗户的色彩和细节，那么在立面图上也应该对应地再次表现这一特色。

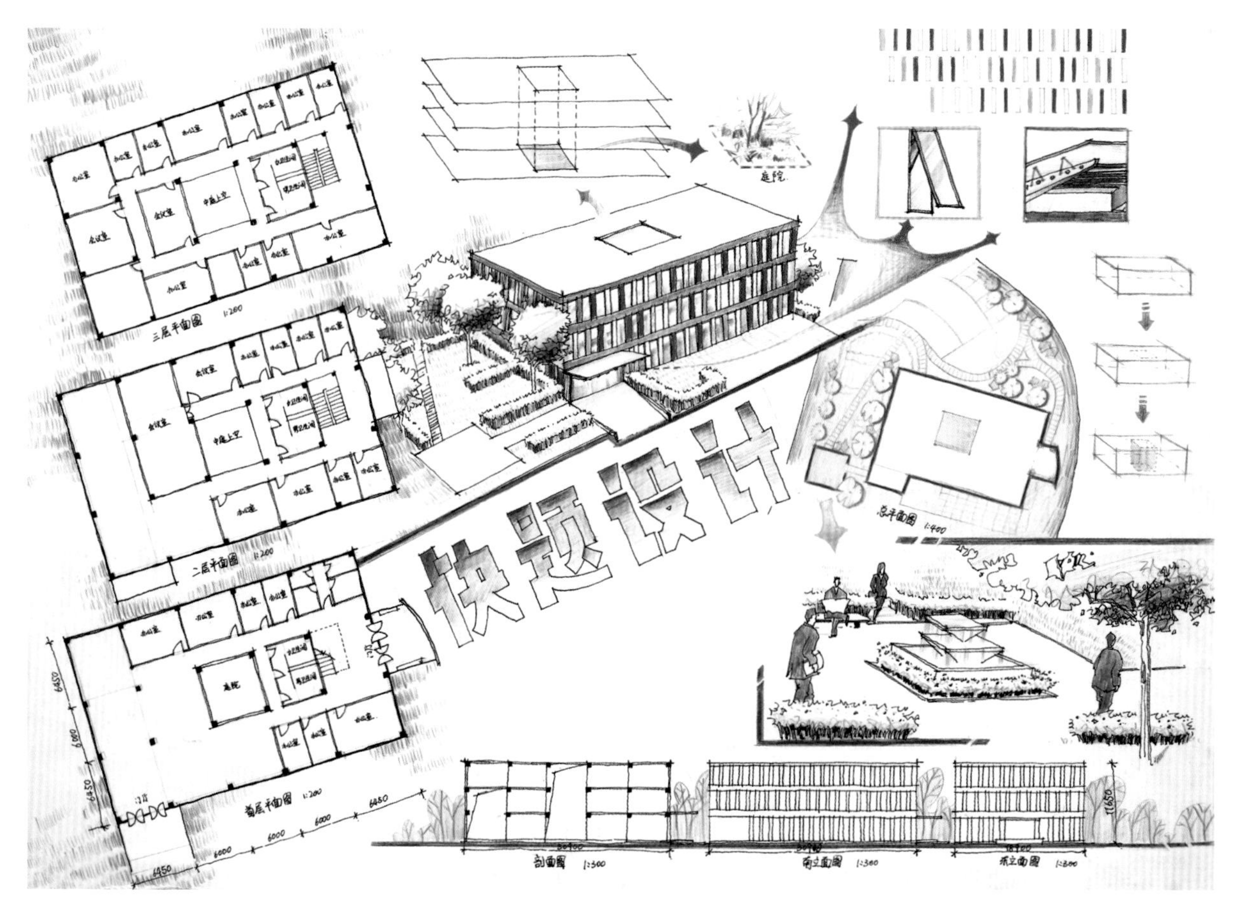

图5-32 售楼中心设计 王丽真

六、办公楼设计

办公楼快题设计案例评语（图5-33）

优点：塔楼和裙楼结合的组群建筑，恰如其分地表现出了建筑设计的内在需求。在时间允许的情况下，构图版式花了一定的功夫，这样做的效果还是不错的。手绘的透视、技法、色彩都属上乘。

问题：立面图略嫌小了一些。

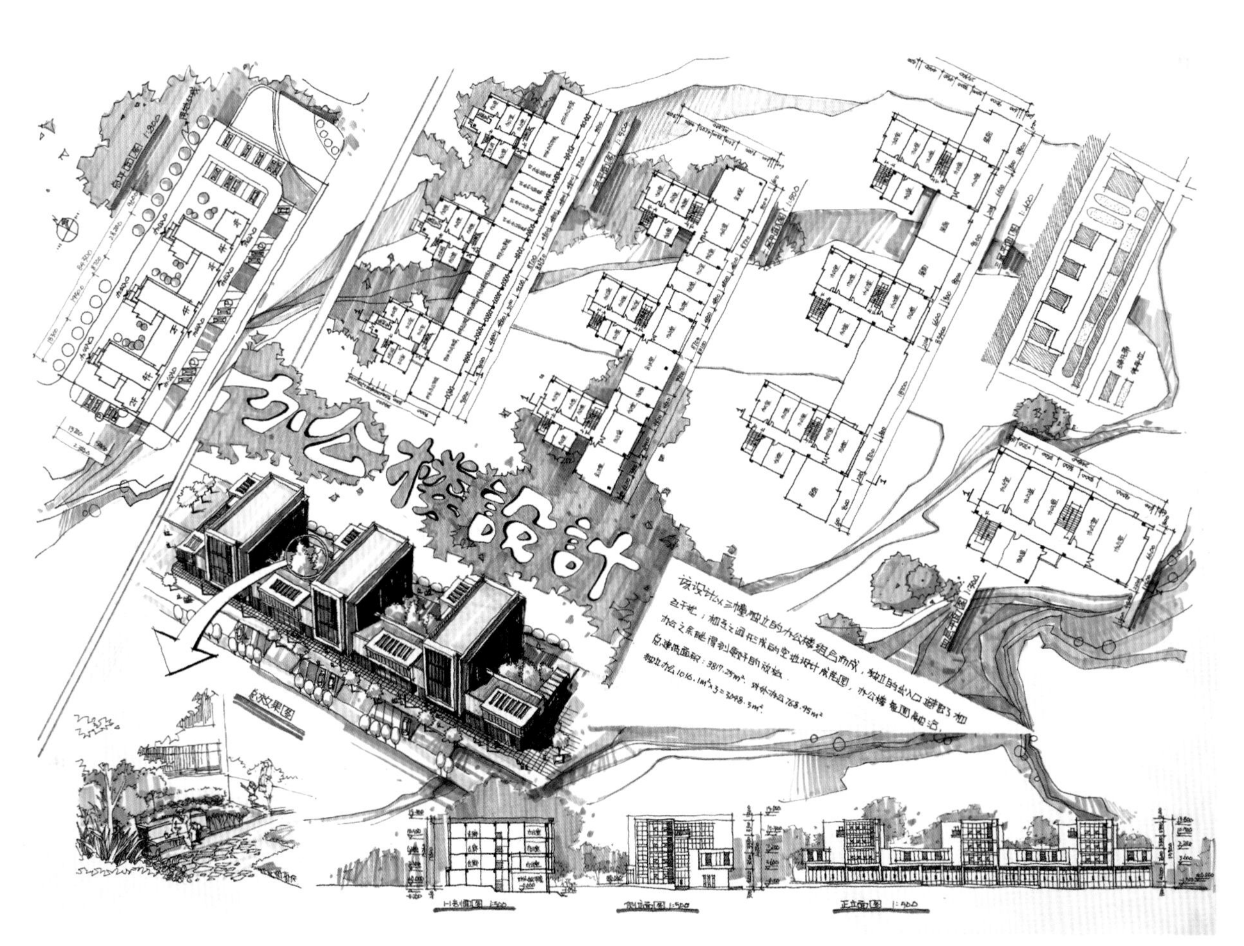

图5-33 办公楼设计 郭若林

参考文献

1.陈怡如. 景观设计制图与绘图.大连：大连理工大学出版社，2013
2.[美]哈尔·福斯特. 艺术×建筑. 济南：山东画报出版社，2013
3.费麟. 建筑设计资料集. 北京：中国建筑工业出版社，1994
4.[德]迪特尔·普林茨，克劳斯·D·迈耶保克恩. 赵巍岩译.建筑思维的草图表达. 上海：上海人民美术出版社，2005
5.阳建强. 城市规划与设计. 南京：东南大学出版社，2012
6.[英]西蒙·贝尔.王文彤译.景观的视觉设计要素. 北京：中国建筑工业出版社，2004
7.彭一刚. 建筑空间组合论. 北京：中国建筑工业出版社，1998
8.彭一刚. 建筑绘画及表现图. 北京：中国建筑工业出版社，1999
9.[美]约翰·O·西蒙兹.俞孔坚译.景观设计学——场地规划与设计手册. 北京：中国建筑工业出版社，2000
10.钟训正. 建筑画环境表现与技法. 北京：中国建筑工业出版社，2007
11.朱瑾. 建筑设计原理与方法. 上海：东华大学出版社，2009
12.韦爽真. 景观场地规划与设计. 重庆：西南师范大学出版社，2008
13.[美]爱德华·T·怀特. 建筑语汇.林敏哲，林明毅译.大连：大连理工大学出版社，2011
14.邱景亮，吴静子. 建筑专业徒手草图100例——环艺设计. 南京：江苏人民出版社，2013
15.冯刚，李严. 建筑专业徒手草图100例——建筑设计. 南京：江苏人民出版社，2013
16.王海强. 景观/建筑手绘表现应用手册. 北京：中国青年出版社，2011
17.潘定祥. 建筑美的构成. 北京：东方出版社，2010
18.[德]汉斯·罗易德，斯蒂芬·伯拉德.罗娟，雷波译.开放空间设计. 北京：中国电力出版社，2007
19.郭亚成，王润生，王少飞. 建筑快题设计实用技法与案例解析. 北京：机械工业出版社， 2012
20.杨鑫，刘媛. 风景园林快题设计. 北京：化学工业出版社，2012
21.杨倬. 建筑方案构思与设计手绘草图. 北京：中国建材工业出版社，2010
22.杨俊宴，谭瑛. 城市规划快题设计与表现. 沈阳：辽宁科学技术出版社，2012
23.张伶伶，孟浩. 建筑设计指导丛书——场地设计. 北京：中国建筑工业出版社，2005
24.陈帆. 建筑设计快题要义. 北京：中国电力出版社，2009
25.徐振，韩凌云. 风景园林快题设计与表现. 沈阳：辽宁科学技术出版社，2009
26.于一凡，周俭. 城市规划快题设计方法与表现. 北京：机械工业出版社，2011
27.[美]保罗·拉索.邱贤丰，刘宇光译.图解思考——建筑表现技法. 北京：中国建筑工业出版社，2002
28.谭晖. 透视原理及空间描绘. 重庆：西南师范大学出版社，2008
29.骆中钊. 新农村建设规划与住宅设计. 北京：中国电力出版社，2008
30.邓毅. 城市生态公园规划设计方法. 北京：中国建筑工业出版社，2007
31.刘磊. 园林设计初步. 重庆：重庆大学出版社，2012
32.闫寒. 建筑学场地设计.北京：中国建筑工业出版社，2006